Bichitos

DE LA MANCHA A LOS MONTES DE TOLEDO

Guía de insectos para aprendices de naturalistas

Isabel Nieto-Márquez Fernández-Camuñas

Bichitos
DE LA MANCHA A LOS MONTES DE TOLEDO
Guía de insectos para aprendices de naturalistas

BIBLIOTECA DE AUTORES MANCHEGOS
DIPUTACION DE CIUDAD REAL

Primera edición: 2025

Edita: Servicio de Cultura. Diputación Provincial
Biblioteca de Autores Manchegos (BAM)
Plaza de la Constitución, 1. 13001 Ciudad Real
Tlf.: 926292575
Web: www.dipucr.es

Cubierta: BAM. Escarabajo verde de las flores, *Psilothrix viridicoerulea*

Coordinación editorial: Jesús Reviejo
Colección General, número 248

Imprime: Lince Artes Gráficas
ISBN: 978-84-7789-423-0
Depósito Legal: CR-235-2025

Impreso en España

Dedicado a la "Tierra, nutricia de muchos"

HOMERO, *La Ilíada*

SUMARIO

PRÓLOGO

Queridos lectores, es un privilegio presentarles *Bichitos: de La Mancha a los Montes de Toledo*, una obra que nos introduce al asombroso mundo de los insectos. A través de estas páginas, la autora nos lleva en un viaje revelador, mostrando la crucial importancia y la sorprendente belleza de estos pequeños seres, esenciales para el equilibrio de nuestros ecosistemas y, en última instancia, para nuestra propia supervivencia.

Este libro está diseñado para que tanto aficionados como aprendices de naturalista puedan disfrutar y aprender. Cada capítulo proporciona una comprensión profunda y accesible de los insectos, abarcando su nutrición, hábitos alimenticios, ciclos vitales y estrategias de camuflaje. La autora combina el rigor científico con un enfoque lúdico y estético, creando una guía educativa que es tan informativa como entretenida.

Las impresionantes fotografías que ilustran esta obra, capturadas en su entorno natural, reflejan la dedicación y el amor de la autora por la naturaleza, así como su compromiso ético de respetar la libertad e integridad de los insectos. Estas imágenes no solo documentan la vida de estos seres, sino que también capturan su complejidad y belleza de manera extraordinaria, invitándonos a maravillarnos con cada detalle.

Vivimos en un periodo crítico para la biodiversidad de los insectos, con muchas especies en declive. Este libro es una herramienta esencial para recordar la fragilidad del equilibrio natural y la urgente necesidad de proteger a estos pequeños habitantes de nuestro planeta. Además, esta guía nos invita a explorar y aprender, incitándonos a ver a los insectos con nuevos ojos, a reconocer su importancia y a respetarlos.

En un momento en que la distancia entre el ser humano y la naturaleza es cada vez mayor, esta obra se erige como un puente que nos reconecta con el entorno natural. Espero que cada lector encuentre en estas páginas la motivación para salir al campo, investigar y conocer más sobre estos maravillosos bichitos, y, sobre todo, para valorarlos y protegerlos como merecen.

Con cariño y gratitud,

JOSÉ LUIS OLMO RÍSQUEZ
Doctor en Biología

INTRODUCCIÓN

Se calcula que en Europa hay más de 77.000 especies de insectos frente a unas 270 especies de mamíferos en la misma área geográfica. Cada una de estas familias de insectos tienen una población de miles –o quizá millones– de individuos. Pero vayamos a cualquier biblioteca o librería… apenas hay libros para el público general dedicados a los insectos: son unos auténticos desconocidos para la mayoría de nosotros.

Vivimos con ellos, entre ellos y gracias a ellos. Pensemos… ¿quién ha polinizado las naranjas para el zumo del desayuno? ¿O las legumbres, verduras y frutas del almuerzo? ¿Y la comida con la que alimentamos a nuestros animales domésticos, mascotas o ganado?

Es cierto que algunos bichitos pueden causarnos molestias, como las picaduras de mosquitos y las plagas de nuestros cultivos. Pero también es verdad que muchos de ellos controlan de forma natural a los insectos nocivos: las mariquitas y las crisopas eliminan los pulgones de nuestros jardines; las arañas fabrican mosquiteras naturales; y algunas chinches devoran las orugas que arruinan las cosechas. Y todo de forma gratuita, ecológica y sin tóxicos.

Es muy importante conocerlos y aprender de sus costumbres para valorarlos en su justa medida: nos animará a protegerlos, que es otra forma más de cuidar el medio ambiente, a nosotros mismos y nuestras despensas.

Este libro pretende ser un acercamiento lúdico y estético al inmenso mundo de los insectos. Busca entretener a toda la familia, aportando imágenes e información que nos hagan desear más: más conocimiento y más contacto con la naturaleza.

Todas las fotografías han sido tomadas en las comarcas de La Mancha y los Montes de Toledo. Ningún bichito ha sufrido ni ha sido manipulado, todos vinieron y se fueron cuando quisieron.

En beneficio de todos te pido que no utilices pesticidas ni herbicidas y que elimines las malas hierbas de forma mecánica cuando hayan completado su ciclo anual. De esta manera asegurarás el mantenimiento de las poblaciones de insectos.

Muchas gracias por leerme… ¡adelante!

Las abejas domésticas tienen el cuerpo cubierto de pelitos amarillos, que les dan ese aspecto dorado. La densidad de estas vellosidades es mayor en el tórax y en los segmentos abdominales.

Aquí tienes un truco para diferenciarlas de otras especies de abejas: la longitud de las antenas equivale al doble del diámetro de un ojo... Tendrás que aguzar la vista, porque no suelen quedarse quietas ¡siempre tienen mucho trabajo!

El ser humano lleva milenios consumiendo la miel de las abejas silvestres: hay pinturas rupestres de recolectores de miel de hace 7.500 años.

La domesticación de las abejas se llama apicultura y se practica desde hace siglos para aprovechar la miel, la cera y su enorme capacidad polinizadora.

Sin embargo, las abejas domésticas solo se sienten atraídas por determinados tipos de flores y dejan la mayor parte del trabajo de polinización para una gran variedad de insectos silvestres: abejas solitarias, mariposas, escarabajos, sírfidos...

Abeja de la miel, abeja europea, abeja melífera, *Apis mellifera*

Las abejas domésticas son sociales y viven formando un estado. Se organizan en tres castas:

La abeja reina: es la única hembra fértil de la colmena y es de mayor tamaño que las demás. Solo la reina pondrá huevos, por lo que todos los individuos que nazcan durante su reinado son hijos suyos.

Los zánganos: son los machos de la colmena, más grandes que las obreras. No tienen aguijón y su función más importante es fecundar a las reinas.

Las obreras: forman el grupo más numeroso y son las abejas de menor tamaño. Tienen las lenguas más largas de la colmena, ideales para atrapar el néctar de las flores.

Abeja, **Apidae**

Esta pequeña y preciosa abejita pertenece a la familia Osmia: mide cerca de 1 centímetro y su pelaje es muy vistoso.

Prefiere los bosques y árboles tranquilos, por eso no es habitual verla en parques o jardines.

Las abejas de esta familia son de costumbres solitarias, no viven en colmenas: cada hembra es fértil, pone huevos y puede cuidar a sus propios hijos.

Recogen polen con unos pelitos especiales del abdomen y lo llevan hasta el nido para alimentar a sus crías. Este órgano especializado para transportar el polen se llama escopa.

Las plantas y las abejas tienen una relación de beneficio mutuo: las abejas obtienen alimento y, a cambio, ayudan a la fecundación de las flores. Cuando dos especies distintas se benefician de una relación se llama mutualismo.

Abeja, *Osmia bicolor*

Se las llama abejas albañiles porque fabrican su vivienda amasando barro con su saliva. Lo usan para revocar tallos huecos, agujeros en la madera, fisuras de edificios o incluso caparazones de caracol.

Dentro construyen distintos tabiques de barro que separan las celdas de sus nidos, en cuyo interior depositarán los huevos.

La época reproductiva es en primavera, cuando hay abundancia de polen. Los machos mueren poco después del apareamiento. Son las hembras quienes se ocupan de encontrar, construir y aprovisionar los nidos.

Los adultos de la nueva generación permanecen en estado de hibernación todo el invierno y pueden soportar temperaturas bajo cero.

Abeja albañil de ojos azules, *Osmia spinulosa*

Los bombílidos, conocidos como moscas abejorro, son una familia muy grande, de la que se han descrito más de 5.000 especies. Los especialistas piensan que aún quedan miles de especies por descubrir.

A pesar de ser una familia tan diversa, los individuos no son muy abundantes, quizá por eso son bastante desconocidos.

Estos abejorros se parecen mucho a las abejas, lo que les da una cierta protección frente a sus depredadores.

Los adultos se alimentan de néctar y polen, para lo que utilizan una lengua larga y delgada que no pueden retraer o enrollar como las mariposas. En algunas especies, esta lengua es más larga que el propio cuerpo del abejorro y les permite alcanzar el néctar almacenado en el fondo de las flores.

Las larvas, en cambio, comen gran cantidad de huevos y larvas de otros insectos, sobre todo de abejas solitarias y escarabajos.

Abejorro, bombílido, mosca abejorro, *Parageron*

Las avispas alfareras reciben este nombre porque construyen nidos de barro con forma de olla o cazuela. Algunos nidos recuerdan por su forma y material a los típicos botijos.

Otras especies de la misma familia utilizan cavidades en el suelo o en la madera, incluso nidos abandonados de otras avispas y abejas.

La hembra pone los huevos dentro del nido, suspendidos del techo por un fino hilo. Luego procede a llenarlo de provisiones y, cuando ya no cabe más, lo cierra completamente con barro.

Cuando la cría sale del huevo tiene la despensa llena de larvas de mariposa, escarabajo, gorgojo y mosca. Así, estas avispas contribuyen al control de las poblaciones de otros insectos.

Las avispas alfareras son cazadoras de costumbres solitarias, por lo que es muy raro que su número crezca en exceso.

Durante sus vuelos en busca de presas suelen libar néctar de las flores, lo que contribuye a su polinización.

Avispa, avispa alfarera, *Eumenes mediterraneus*

Esta avispa de colores brillantes y metálicos forma parte de una familia que cuenta con unas 3.000 especies. Todas son capaces de doblar sus cuerpos y rodar como una pelota para defenderse de otras avispas. Pero... ¿por qué tienen que defenderse de otras avispas?

Se las llama avispas cuco porque, igual que el ave, ponen sus huevos en nidos ajenos, despreocupándose de la crianza. Sus larvas eclosionan antes que las del nido de acogida, por lo que pueden alimentarse de los huevos o larvas más jóvenes.

Suelen parasitar nidos de avispas, abejas, moscas e insectos palo.

Los adultos carecen de aguijón y se alimentan de néctar de flores.

Avispa, avispa cuco, avispa joya, *Chrysura purpureifrons*

Esta chinche forma parte de la familia de los pentatómidos, llamados así por la forma de sus antenas, compuestas por cinco segmentos, que cuentan con casi 5.000 especies en todo el mundo. Su cuerpo parece estar blindado, por eso se las conoce como chinches de escudo.

La boca está adaptada para picar y succionar, pues siempre se alimentan de líquidos.

La mayoría de las chinches de esta familia son herbívoras. Absorben la savia de las plantas y el jugo de frutas y bayas con su pico, llamado estilete, que guardan pegado al abdomen cuando no lo utilizan.

Al alimentarse de vegetales, pueden convertirse en una plaga si su población aumenta demasiado.

Algunas especies de chinches son depredadoras de insectos, incluso de otras chinches, con lo que tienden a equilibrar sus poblaciones entre sí.

Chinche, chinche de escudo, chinche de las semillas, *Carpocoris*

Este insecto pertenece a una familia de chinches de pequeño tamaño, no suelen superar los 7 milímetros.

Son negras, con alguna línea o mancha de color amarillo. Tienen largas antenas de cuatro segmentos y están equipadas con el típico estilete de las chinches.

Estos insectos son fitófagos: se alimentan enteramente de plantas. A esta chinche le encantan las hojas de salvia, aunque también podemos encontrarla en otras plantas.

Le gusta vivir en lugares con hierba, secos y soleados, y disfruta tomando el sol, incluso en el brazo de una aprendiz de naturalista.

Se reproduce una vez al año: los adultos mueren al final de la estación y los huevos hibernan para eclosionar en la siguiente primavera.

Chinche, *Hadrodemus*

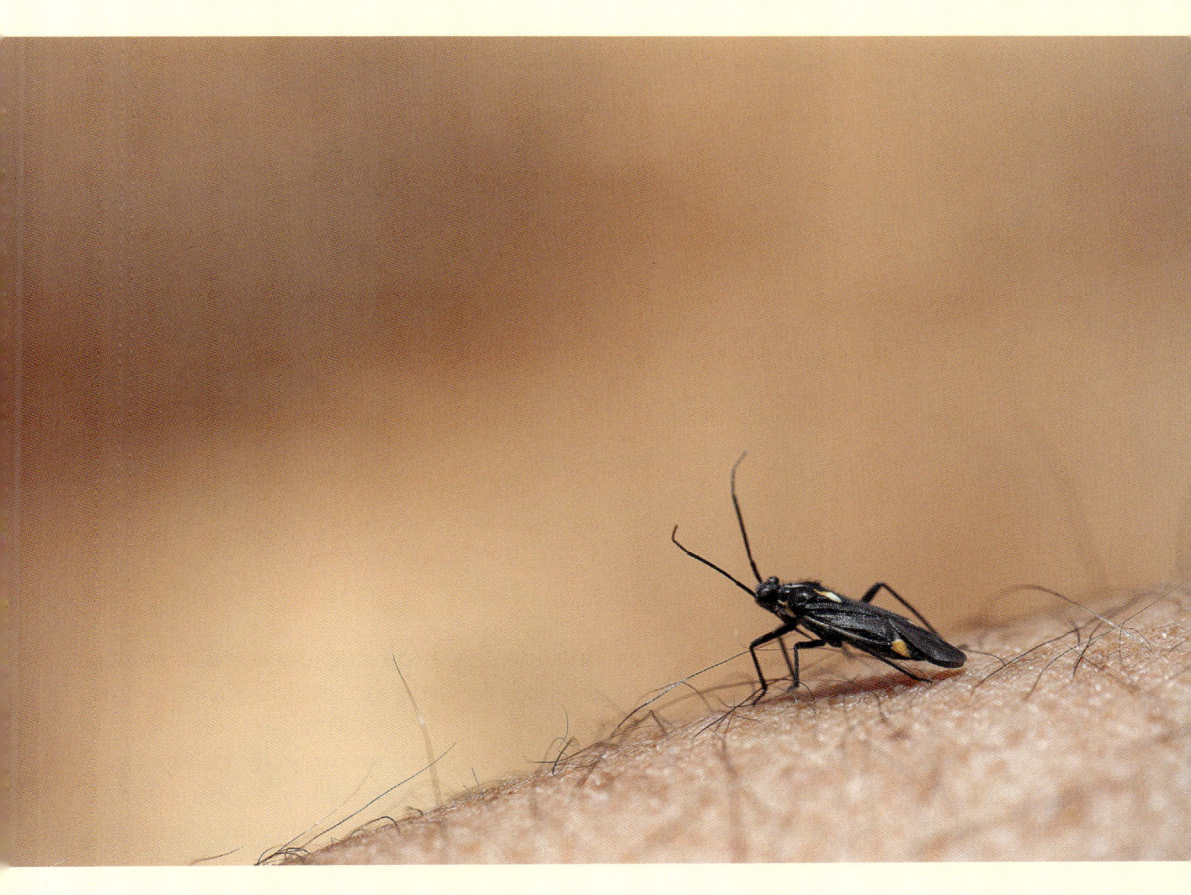

Este escarabajo diurno es uno de los más comunes de nuestra primavera. Conocido como toro del sol, es un gran polinizador de las especies que le sirven de alimento.

Su nombre describe perfectamente su apariencia y su comportamiento: heliotauro significa «toro del sol», por ser negro y pasar todo el día al sol, buscando las flores más sabrosas; y ruficollis significa «cuello rojo», siendo la parte más distintiva de su cuerpo.

Las larvas viven en el suelo y se alimentan de materia en descomposición: son detritívoras. Los adultos, mejor equipados para trepar a las flores, se alimentan de néctar, polen y tiernos pétalos de flores.

Tanto el apareamiento como la puesta de huevos la realizan sobre sus flores preferidas.

Escarabajo, heliotauro, heliotauro de cuello rojo, toro del sol, *Heliotaurus ruficollis*

Mylabris es un género de escarabajos que cuenta con 17 especies en la Península Ibérica. Son escarabajos diurnos y polífagos: comen una gran variedad de alimentos.

La comida favorita de los adultos son las flores y las hojas más tiernas. Al ir de flor en flor durante horas contribuyen a la polinización de muchas especies.

Las hembras ponen los huevos en el suelo y las larvas de *Mylabris* se alimentan de huevos de saltamontes.

Algunos escarabajos meloidos producen cantaridina: una sustancia que causa erupciones en la piel y que por vía oral es una toxina poderosa. Los insectos atrapados durante la cosecha pueden contaminar la alfalfa almacenada e intoxicar al ganado.

Escarabajo, escarabajo meloido, mascaflor cejudo, *Mylabris maculosopunctata*

¿Se parece este escarabajo al ejemplar de *Mylabris* de la página anterior? Claro, porque es un pariente muy cercano, otro escarabajo meloido.

Para determinar la especie hay que fijarse en cosas como el número de segmentos de las antenas; el número, tamaño y disposición de las manchas; el ángulo que forman los élitros; si tiene vellito en según qué zona, más o menos largo y denso, de qué tono...

A simple vista, podemos diferenciarlos por la decoración de sus élitros: **M. maculosopunctata** tiene tres manchas con forma de punto y una orla bien visible en el extremo inferior y **H. scutellatus** tiene cinco manchas. La forma de los élitros y el ángulo que crean cuando el insecto se encuentra en reposo, también son diferentes.

Son pequeños detalles en individuos ya diminutos de por sí, lo que nos revela la variedad y complejidad del medio en que vivimos. Un entorno que tanto necesita nuestro respeto y protección para seguir albergando la diversidad y riqueza que tiene ahora.

Estos escarabajos son aficionados a lugares soleados y muy secos, aunque deben contar con la vegetación necesaria para subsistir.

Escarabajo, escarabajo meloido, mascaflor punteado, *Hycleus scutellatus*

El escarabajo verde de las flores destaca mientras se alimenta bajo el sol con su particular brillo metálico. Es fundamentalmente florícola y siente predilección por las flores de color amarillo. Los adultos se alimentan de néctar y polen.

Se distingue de otras especies de escarabajos joya por la forma y relieve de sus élitos, así como por sus peculiares antenas, formadas por 11 artejos y ligeramente dentadas, con apariencia de serrucho.

Anida en lugares muy diversos, siempre que abunden las flores: prados, pastizales, bordes de caminos, zonas ajardinadas, matorrales...

Sus larvas viven cerca o sobre las mismas flores, pero se alimentan principalmente de insectos muertos. Cuando realizan la última muda cambian la dieta y comienzan a consumir vegetales.

Escarabajo, escarabajo verde de las flores, *Psilothrix viridicoerulea*

El género de escarabajos *Chasmatopterus* es muy típico del Mediterráneo y el norte de África.

Son fáciles de reconocer porque miden entre 3 y 8 mm y tienen el cuerpo completamente cubierto de una vellosidad muy densa.

En esta especie existe un dimorfismo sexual muy evidente: los machos tienen los élitros de color castaño, en ocasiones bordeados por una fina orla negra, mientras que las hembras son completamente negras.

Son escarabajos voladores, que se desplazan constantemente de flor en flor. Esta movilidad, unida al denso pelaje donde viaja el polen, los convierte en excelentes polinizadores.

Escogen prados soleados para establecerse, a veces de forma masiva, y suelen estar muy activos a mediodía.

Los adultos viven y se alimentan en las flores. Sus preferidas son los dientes de león: allí se nutren, descansan y se reproducen.

Cuando sus flores favoritas escasean, también se alimentan de gramíneas.

Su ciclo biológico es muy corto y en muy poco tiempo se reproducen y mueren.

Escarabajo, *Chasmatopterus*, hembra
Escarabajo, *Chasmatopterus*, macho

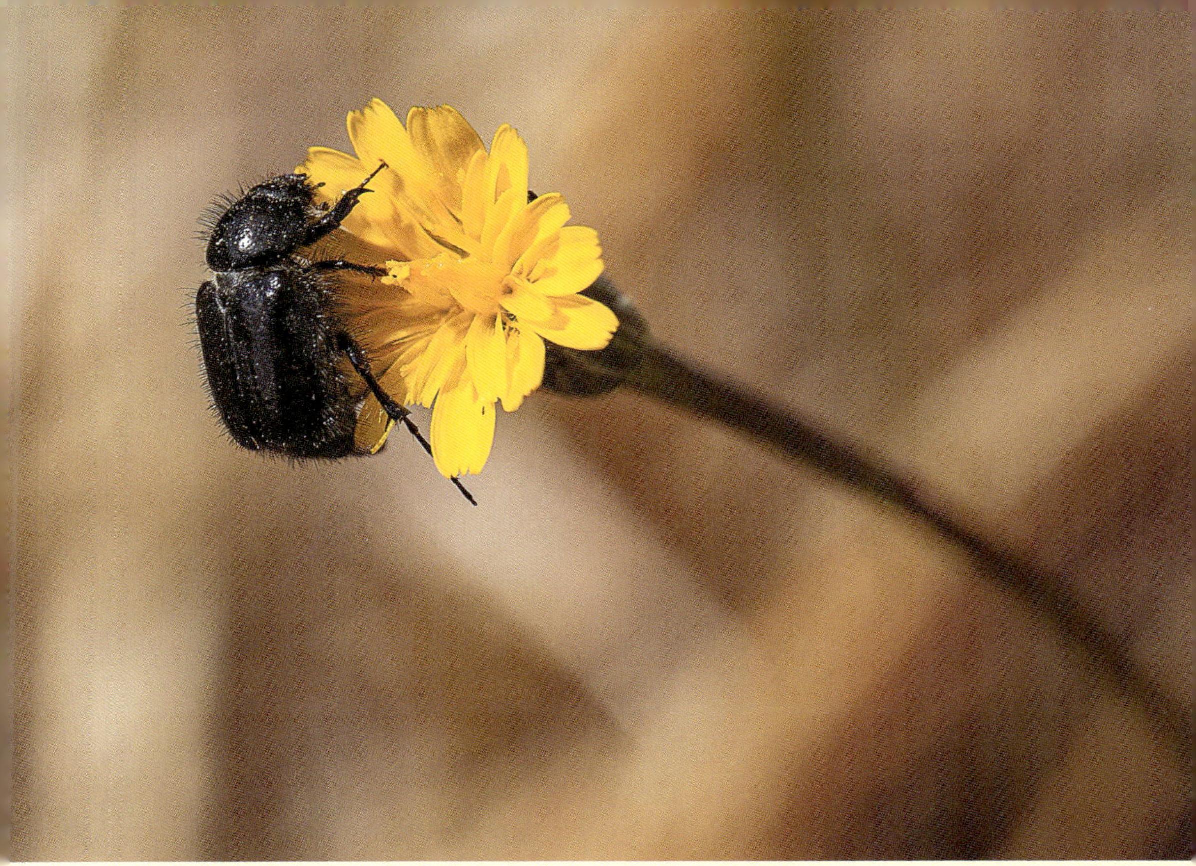

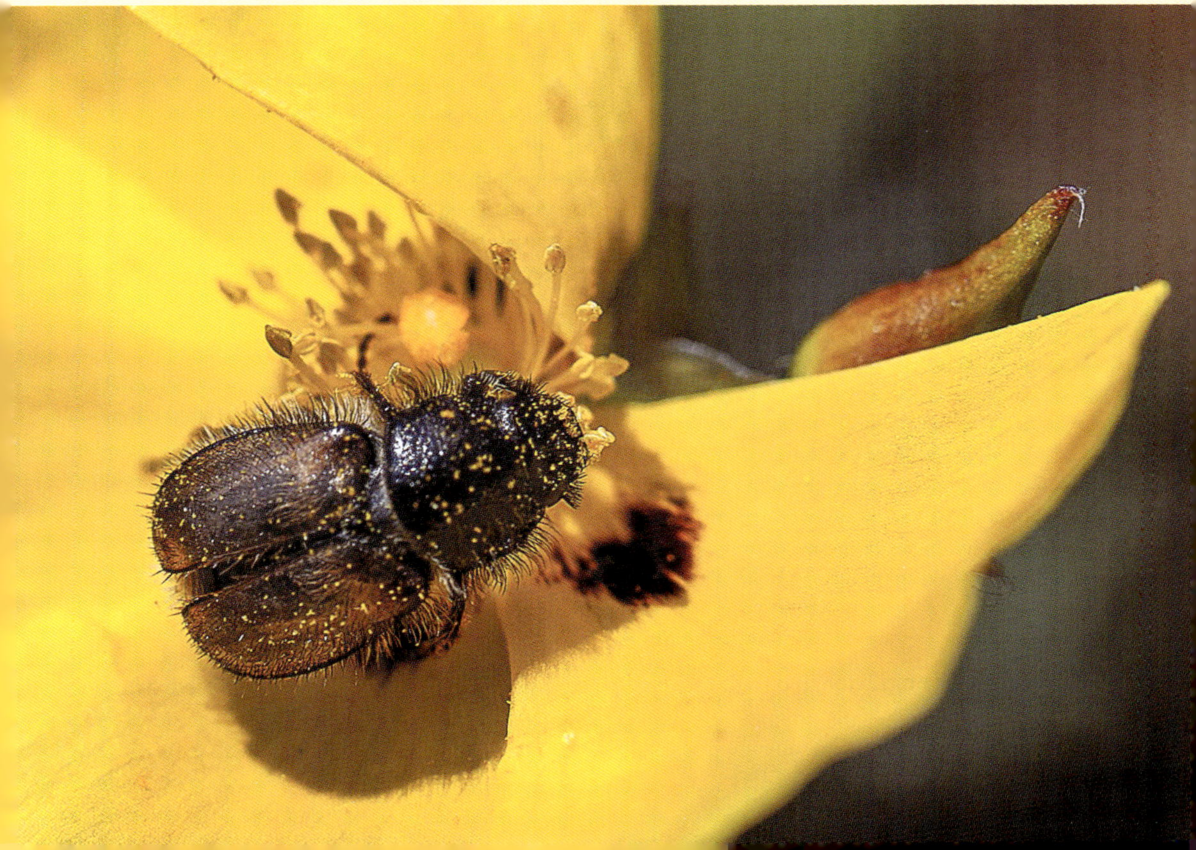

Los escarabajos provistos de una boca con forma de trompa son conocidos como gorgojos o picudos. Todos son herbívoros.

Podemos distinguir a los gorgojos de los cardos por sus antenas acodadas con los extremos en forma de maza y el singular patrón de colores que los cubre. Se cree que es una adaptación para camuflarse entre las hojas y espinas de los cardos.

Son diurnos y, aunque tienen alas, apenas vuelan. Son muy ágiles y se mueven rápidamente entre la vegetación. Si se sienten amenazados se dejan caer al suelo y permanecen inmóviles, haciéndose los muertos, hasta que el peligro ha pasado: esta estrategia defensiva se llama tanatosis.

Utilizan la probóscide para perforar los duros vegetales de los que se alimentan: tallos, madera, castañas, nueces... También aprecian la fruta y otros alimentos más tiernos, como el tomillo de la fotografía.

Las hembras también utilizan su peculiar boca para realizar agujeros en distintos vegetales y depositar sus huevos dentro. Así aseguran el alimento de sus crías. Algunas especies de gorgojos pueden convertirse en plagas para la agricultura.

Escarabajo, gorgojo, gorgojo de los cardos, *Coniocleonus nigrosuturatus*

La hormiga negra es una de las más frecuentes en los campos de Europa. Existen diferentes especies de hormigas negras, con distinta alimentación: algunas comen semillas, otras carroña y las más golosas prefieren alimentarse de los pulgones.

Este es el caso de las hormigas *Lasius niger*, cuyo alimento preferido es la melaza de los pulgones: un líquido azucarado que excretan después de alimentarse de la savia de las plantas. Les gusta tanto, que llegan a marcar con una sustancia aromática el camino que va desde su madriguera hasta la colonia de pulgones de la que se abastecen.

A cambio de la melaza, las hormigas protegen a los pulgones de depredadores y parásitos.

En ocasiones, las hormigas se alimentan directamente de las plantas. Las peonías les encantan: los brotes tiernos y las flores producen una savia que es muy rica en azúcares y las hormigas la beben encantadas.

En la antigüedad se pensaba que las hormigas eran necesarias para que las flores de peonía se abrieran, porque observaban que siempre estaban cerca.

Las hormigas también son unas excelentes polinizadoras y contribuyen a dispersar las semillas de algunas plantas.

Hormiga, **Formicidae**, obrera

ALIMENTACIÓN

La mariposa atalanta debe su nombre a un mito griego: Atalanta, la de pies ligeros, que se negó a acatar las estrictas normas de género. Es una mariposa con un vuelo rápido, que escapa del peligro igual que la heroína de la que toma el nombre. Simboliza la lucha por los derechos de las mujeres.

Viven en todo el hemisferio norte. En otoño emigran hacia el sur y aprovechan las temperaturas más suaves para aparearse. Las larvas se desarrollan durante el invierno y emergen como adultas al principio de la primavera.

En estado adulto hibernan durante los meses más fríos, pero en el sur de Europa también vuelan en los días más cálidos y soleados del invierno.

En primavera emigran hacia el norte. Vuelan a gran altitud buscando vientos favorables, lo que les ahorra mucha energía. Las orugas de atalanta se alimentan de ortigas. Los adultos, como no pueden masticar, liban de las flores o frutas muy maduras.

Mariposa, atalanta, numerada, vanessa, *Vanessa atalanta*

Esta pequeña mariposa es muy aficionada a las coles, llegando a convertirse en una auténtica plaga, de ahí su nombre común.

Sus alas miden entre 4 y 5 centímetros de envergadura y usa un color verde pálido para mimetizarse con las hojas de las plantas.

Las mariposas de la col realizan varios ciclos reproductivos cada año. La primera generación aparece en primavera y, tras los apareamientos, ponen los huevos sobre las hojas de la planta hospedadora.

Cada hembra puede poner entre 20 y 100 huevos, que maduran y eclosionan en dos semanas. Cuando las larvas han realizado todas las mudas, preparan la crisálida sobre la misma planta.

Cuando emergen los adultos de la segunda generación, vuelven a repetir idéntico ciclo, presentando más de tres generaciones en un año. Las últimas crisálidas del año hibernarán hasta la primavera siguiente.

Este rápido ciclo reproductivo hace que, en condiciones favorables, la mariposa de la col se convierta en una temible plaga para nuestros cultivos.

El ejemplar de la fotografía está succionando néctar de una flor, para lo que usa su espiritrompa, que es como una pajita que se guarda enrollándola en espiral.

Mariposa, blanquita de la col, mariposa de la col, *Pieris rapae*

Los sírfidos o moscas cernidoras son pequeños insectos con dos alas.

Pueden batir las alas unas 200 veces por segundo, lo que les da un vuelo muy preciso y estable. Es muy típico verlas suspendidas en el aire, practicando lo que se denomina vuelo cernido. También pueden volar en cualquier dirección sin girar el cuerpo.

Para realizar estos vuelos acrobáticos necesitan una gran fuente de energía. El dulce néctar de las flores, con grandes cantidades de azúcar, es su alimento favorito, aunque tampoco desdeñan la melaza de los pulgones.

Las hembras también consumen polen de flores, más nutritivo y rico en proteínas, necesarias para producir sus huevos.

Las moscas cernidoras visitan repetidamente las flores para alimentarse, tanto las silvestres como las especies cultivadas. Esto las convierte en grandes polinizadoras, contribuyendo al bienestar de ecosistemas muy variados en todo el planeta.

Ejemplo de vuelo cernido de un sírfido sobre una flor.

Mosca, mosca cernidora, mosca de las flores, sírfido, **Syrphidae**

Las moscas de las flores han adoptado el aspecto de abejas o avispas, con las que es habitual confundirlas. Así consiguen despistar a sus depredadores, quienes creerán que están provistas de aguijones. Esta estrategia defensiva se llama mimetismo batesiano.

Para distinguir a estas moscas hay que fijarse en las antenas y los ojos: las antenas son cortas, como las de cualquier mosca, y los ojos son más grandes que los de las abejas o avispas, ocupando casi toda la cabeza.

Su tamaño es muy variado, pues hay especies que miden unos pocos milímetros y otras son tan grandes como las abejas o avispas que imitan. Muchas tienen el cuerpo cubierto de vello, lo que también contribuye al transporte de polen de flor en flor.

El patrón de bandas de su abdomen es distinto en cada especie, alternando el color negro con amarillos, naranjas y ocres.

Se han descrito más de 5.000 especies de sírfidos.

Mosca, mosca cernidora, mosca de las flores, sírfido, *Episyrphus balteatus*

Algunos sírfidos se alimentan de una sola especie de flores y otros son más generalistas, pero se ha observado que sienten especial atracción por los colores blanco y amarillo. Por su número y actividad están considerados los polinizadores más importantes después de las abejas.

Además de sentirse atraídas por los colores de los pétalos, las moscas de las flores pueden detectar el aroma del néctar y el polen, utilizando el sentido del olfato para guiarse hasta las flores menos vistosas.

La mayoría de estas moscas tienen bocas cortas y no adaptadas para succionar, por lo que escogen flores grandes y bien abiertas, en las que puedan entrar fácilmente y acceder al néctar.

Además de su dieta herbívora, se alimentan de pequeños insectos, especialmente pulgones, de los que pueden beber la melaza o comerlos directamente.

Los sírfidos se utilizan para el control biológico de plagas, pues una sola larva puede consumir más de 300 pulgones a lo largo de su vida.

Mosca, mosca cernidora, mosca de las flores, **Syrphidae**

Aunque los conocemos popularmente como pulgones, los áfidos no están emparentados con las pulgas.

Los áfidos son una especie muy antigua: se originaron en el Cretácico, hace alrededor de 100 millones de años, por lo que ¡convivieron con los dinosaurios! Son unos auténticos supervivientes.

Los pulgones son muy pequeños, miden unos pocos milímetros, y su cuerpo es ovalado y blandito. Tienen colores variados, sobre todo amarillos, verdes y negros.

Todos son herbívoros y se alimentan de plantas, a las que parasitan usando su pequeño estilete, que es una adaptación de su boca a la dieta líquida.

Clavan el estilete para succionar la savia vegetal de las hojas y los tallos. Estas picaduras dañan las plantas, causando decoloración, hojas maltratadas, amarilleamiento y crecimiento atrofiado.

Algunas especies de pulgón pueden ocasionar importantes pérdidas económicas, como la filoxera de la vid o el pulgón de las habas.

Áfido, pulgón, **Aphididae**

Esta diminuta chinche mide menos de 1 centímetro. Vive en ambientes pedregosos y soleados, siempre cerca de su alimento preferido: la planta conocida como sanguinaria o nevadilla.

Su coloración puede variar entre tonos pálidos, pardos o rojizos, para camuflarse lo mejor posible en su entorno.

Su cuerpo tiene forma irregular, con diferentes salientes en los lados del tórax y el abdomen, provistos de púas. Si tienes la suerte de ver una, comprobarás que parece una pelusa o algún resto de vegetación arrastrada por el viento.

Cuando expulsa desechos líquidos lo hace en una cantidad tan pequeña que caen gota a gota, formando una esfera por efecto de la tensión superficial del agua.

Chinche, chinche de huevos dorados, *Phyllomorpha laciniata*

Muchos insectos, incluidos los escarabajos, son capaces de convivir con otros individuos de cualquier especie, siempre que no se trate de depredadores. Cuando el alimento es abundante comparten tranquilamente las flores, que hacen de comedores, dormitorios o cuartos de baño.

Los ácaros rojos de terciopelo son bastante grandes, para ser ácaros, claro. Los adultos pueden llegar a medir 3 o 4 milímetros. Tienen el cuerpo globuloso y están cubiertos de pelitos de apariencia suave.

Los ácaros no son insectos, sino arácnidos, y tienen ocho patas. El par delantero es más largo que los otros y está adaptado para reconocer el terreno y correr. Son de color rojo brillante debido a una sustancia que resulta tóxica para sus depredadores.

Estos ácaros viven en el medio natural y se alimentan de huevos de insectos. Algunos comen otros ácaros más pequeñitos. En estado de larva se adhieren a insectos u otros arácnidos, a los que parasitan.

No suponen ningún peligro para las personas y no les gustan nuestras viviendas, porque allí no encuentran el alimento que necesitan.

Escarabajo, escarabajo meloido, mascaflor antenicorto, *Actenodia billbergi*
Ácaro, ácaro rojo, ácaro rojo de terciopelo, **Trombidiidae**

Los saltamontes de esta familia se caracterizan por sus colores brillantes, similares a las hojas de las plantas que habitan.

Son saltamontes longicornios, lo que quiere decir que tienen las antenas más largas que el cuerpo. Sus patas traseras están preparadas para dar grandes saltos y ponerse a salvo de los depredadores.

La mayoría de las especies de saltamontes se alimentan de plantas y son nocturnas: en las noches de verano podemos escuchar sus conversaciones.

El saltamontes de la fotografía es una ninfa, podemos saberlo porque aún no tiene alas. Primero se alimentó vorazmente de los estambres de esta flor de adormidera. Luego, con el estómago lleno, adoptó esta extraña postura para defecar.

Saltamontes, saltamontes verde común, *Tettigonia viridissima*, ninfa

El abejorro carpintero llama la atención por su tamaño, de hasta 3 centímetros, y su sonoro zumbido. Tiene un pelaje azul oscuro casi negro muy brillante. Los machos tienen dos segmentos rojizos en las antenas, que son completamente negras en las hembras.

Las hembras excavan galerías en ramas secas, vigas o pilastras de madera, utilizando sus potentes mandíbulas. Se denominan galerías porque tienen una única abertura. Estos nidos pueden llegar a tener hasta 30 centímetros de longitud, subdivididos en 15 cámaras.

Luego llenan las cámaras con una mezcla de néctar y polen. Solo depositan el huevo cuando han conseguido llenarlas completamente. Así, las larvas ya pueden comenzar a alimentarse al salir del huevo.

Los adultos se alimentan de néctar y polen y son excelentes polinizadores: su denso pelaje ayuda en la tarea. Pueden perforar las flores usando las mandíbulas, si el acceso al néctar les resulta complicado. Por tanto, los abejorros pueden libar y masticar.

El abejorro de la imagen se tomó un descanso al sol, agotado de volar de flor en flor y de perseguir a las hembras que acudían al peral a alimentarse.

Abeja, abeja azul de la madera, abejorro carpintero europeo, *Xylocopa violacea*, macho

El patrón amarillo y negro del cuerpo de las avispas es una señal de advertencia para los animales que puedan pensar en comérselas: una picadura de avispa es muy dolorosa y quien haya sufrido una, seguro que no la olvida fácilmente. Además, pueden picar varias veces porque no pierden el aguijón la primera vez que lo clavan.

Las avispas alemanas son grandes cazadoras y atrapan en vuelo a otros insectos menores y a animales diminutos. Luego, con sus poderosas mandíbulas, convierten la presa en pequeñas bolitas con las que las obreras alimentan a las crías y a la reina.

Tienen una vista muy precisa y descansan en perchas desde donde buscan nuevas presas.

Construyen su nido de invierno en madrigueras abandonadas de topo o de ratón de campo, por lo que permanecerán resguardadas bajo tierra durante los meses más fríos del año.

Avispa, avispa alemana, *Vespula germanica*

Esta chinche es exclusivamente europea, con mayor presencia en la zona mediterránea. Prefiere zonas abiertas, como prados o zonas de pastos.

Mide menos de 1 centímetro y se alimenta de leguminosas silvestres y margaritas. Clava su afilado estilete en el tallo y las partes jugosas de las plantas. Luego absorbe la savia vegetal rica en azúcares. También se alimentan de polen.

En primavera, es común ver a estas ninfas conviviendo en las mismas flores, aunque se encuentren en diferentes estadios de desarrollo. Allí se alimentan y descansan. Los primeros adultos aparecen al comienzo del verano.

Estas chinches tienen un único ciclo reproductivo al año y pasan el invierno como huevos.

Se trata de un insecto muy tranquilo, sobre todo las ninfas: como no pueden volar permanecen bastante tiempo en las mismas flores.

Chinche, *Calocoris roseomaculatus*, ninfa

Los individuos de esta familia de chinches de campo tienen un tamaño de entre 6 y 10 milímetros. En la Península Ibérica solo hay dos especies, pero es realmente complicado diferenciarlas.

Son de color marrón, tienen espinas sobre la cabeza y el borde del cuerpo dentado. Sus antenas también son muy características.

Parece que la naturaleza las ha dotado del disfraz ideal para pasearse entre los cardos secos sin ser detectadas. También frecuentan algunas variedades de gramíneas.

Este ejemplar se coló en mi desayuno una mañana de verano. Estaba especialmente interesada en el tarro de mermelada, en cuyo borde descansó unos instantes antes de reemprender el vuelo.

Chinche, *Centrocoris*

La mayoría de los escarabajos estafilínidos son depredadores rápidos y feroces. Aunque pueden volar, suelen correr por el suelo. En algunos países anglosajones los llaman «caballo de la carroza del Diablo».

Prefieren cazar de noche en lugares con hierba y sus presas favoritas son pequeños invertebrados. De día descansan y se ocultan en lugares pequeños o debajo de las piedras.

Cuando se sienten atacados enroscan su cola hacia arriba, igual que los escorpiones, y proyectan un líquido maloliente desde el extremo de su abdomen. También pueden morder a sus presas o enemigos con sus mandíbulas en forma de pinza.

La hembra pone los huevos en el suelo. Cuando eclosionan, las larvas ya son unas hábiles cazadoras. Hibernan en forma de pupa y emergen como adultos en la siguiente primavera.

Escarabajo, **Staphylinidae**

Las hormigas prefieren construir sus colonias en aquellos lugares donde los rayos solares pueden llegar hasta el suelo.

La temperatura dentro del nido se mantiene bastante constante. En verano, cuando hace más calor, fabrican chimeneas que procuran una buena ventilación. Y cuando vuelve el frío cierran las puertas otra vez. Las hormigas pasan el invierno en la parte más profunda, protegidas de las heladas.

Las hormigas obreras de **Lasius niger** trabajan sin cesar buscando pulgones y acarreando melaza al hormiguero. Una colonia numerosa puede acumular en un verano más de 100 kilogramos de melaza en sus despensas, imprescindible para pasar el duro invierno.

Otras especies de hormigas también aprecian y aprovechan muchos otros alimentos, por lo que almacenan semillas e insectos para los meses más fríos.

De vez en cuando necesitan echar una cabezada: hasta 250 siestas al día, que pueden durar hasta un minuto. En total duermen unas 4 o 5 horas cada día. La hormiga reina puede hacer siestas de hasta 9 minutos.

¿No te gustaría ser hormiga por un rato y dormir la siesta entre los suaves pétalos de una rosa que comienza a abrirse?

Hormiga, **Formicidae**, obrera

Esta pequeña hormiga de terciopelo no es una hormiga propiamente dicha, pero sí pertenece a la gran familia de los himenópteros: abejas, abejorros, avispas y hormigas, entre otros. Se las llama así, de terciopelo, porque están cubiertas de vello.

Aunque las hembras carecen de alas y se parecen mucho a las hormigas, sus parientes más próximas son las avispas. Tienen un aguijón tan largo como su abdomen y su picadura es muy dolorosa.

Para reproducirse parasitan los nidos de otros insectos. Depositan sus huevos en los nidos de abejas y avispas solitarias. Allí sus larvas se alimentan de los huevos y larvas hospedadoras, así como de sus provisiones.

Los biólogos estudian utilizarlas como agentes de control biológico, para frenar especies invasoras de abejas, avispas y avispones.

Los adultos se alimentan de néctar de flores. Esta hembra se tomó un descanso durante una de sus exploraciones.

Mutílido, hormiga araña, hormiga de terciopelo, *Rosinia barbarula*, hembra

Las libélulas habitan y se reproducen en las cercanías de pequeñas masas de agua: arroyos, ríos y lagunas con poca vegetación. Podemos disfrutar de sus vuelos desde el mes de mayo hasta octubre.

Tienen dos pares de alas que no pueden plegar y su abdomen es muy largo y estilizado.

Las libélulas son carnívoras, se alimentan de otros insectos que cazan en pleno vuelo. Por eso son excelentes para controlar las poblaciones de mosquitos.

Para detectar a las presas se valen de sus enormes ojos, que les proporcionan una visión muy precisa de su entorno.

Las hembras ponen sus huevos en el agua y las larvas tienen una vida completamente acuática: solo salen al aire para convertirse en adultos.

Esta especie de libélulas presenta un marcado dimorfismo sexual: los machos varían entre el rojo y el naranja y son ligeramente más grandes.

La hembra de la fotografía se había posado en un junco a orillas de un arroyo. Aunque parece descansar, observa atentamente para localizar a su siguiente presa.

Libélula de Fonscolombe, *Sympetrum fonscolombii*, hembra

La mantis palo es inconfundible: comparte características con la mantis religiosa y el insecto palo. Su extraña cresta y antenas le dan aspecto de alienígena, aunque es inofensiva para los humanos. Tiene un abdomen corto y curvado hacia arriba y puede alcanzar hasta 8 centímetros de longitud.

Vive en lugares cálidos y soleados, escondiéndose entre la vegetación mediterránea. Se agarra a los tallos y ramitas para desplazarse.

Igual que los camaleones, varía su coloración adaptándose a su entorno. El color de las plantas que la rodean durante su última muda determina el color de la mantis adulta: es una maestra del camuflaje.

En cuanto a su dieta, se trata de una hábil y voraz cazadora. Sus patas delanteras son muy fuertes y están equipadas con gruesas espinas para que sus presas no escapen.

Suele cazar otros insectos y siente predilección por los saltamontes, las mariposas e, incluso, las arañas.

Podemos diferenciar machos y hembras por sus antenas: las del macho tienen forma de pluma y la hembra las tiene más estilizadas y formadas por bolitas.

Mantis, mantis palo, *Empusa pennata*, hembra

Esta especie de mariposa solo vive en la Península Ibérica, Baleares, Canarias, Marruecos y Túnez.

Es de mediano tamaño, pudiendo alcanzar los 3 centímetros de envergadura.

El patrón de sus alas es muy vistoso, contrastando los diseños tan distintos del anverso y el reverso.

Se trata de una mariposa muy adaptable, que sobrevive y se reproduce bien en diversos ecosistemas hasta los 2.000 metros de altitud.

Para instalarse, siempre escoge lugares con buena insolación y abundantes flores.

Sus larvas tienen forma de cochinilla de color verde, con una decoración longitudinal en tonos rosados y blanco, y están cubiertas de pelitos cortos. Se alimentan de tréboles y geranios silvestres.

Mariposa, morena, *Aricia cramera*

Aunque las mariposas adultas llevan una dieta a base de néctar, necesitan acceder a zonas de barro, conocidas como bebederos, para completar su dieta con los minerales que extraen de la tierra.

En época de apareamiento pueden llegar a ser muy territoriales, sobre todo si el macho ya ha localizado a una hembra receptiva en su territorio.

Si luchan por recursos escasos, consiguen expulsar a mariposas que les triplican en tamaño.

Las larvas de esta mariposa establecen una relación de mutualismo con algunas especies de hormigas: las larvas tienen unas glándulas que producen una sustancia azucarada que les encanta. Cuando una colonia de hormigas detecta a una de ellas, la atenderán y protegerán a cambio del dulce líquido.

A. cramera pasa el invierno como oruga. La fase de pupa la desarrolla en el suelo, entre les hojas, muy cerca de las plantas de las que se alimenta.

Mariposa, morena, *Aricia cramera*

Las moscas abejorro usan sus poderosas alas para alimentarse de néctar de flores, que es la base de su dieta. Suelen comer mientras vuelan, agarrándose a los pétalos con las patas para estabilizarse.

Para alimentarse utilizan su boca con forma de tubo, llamada probóscide, que les permite succionar el néctar por capilaridad igual que las plantas, sin gastar apenas energía.

Tienen un estilo de vuelo preciso y rápido, en cualquier dirección, acompañado de un zumbido de alta frecuencia. Su estación activa es la más calurosa del año y prefieren volar en las horas centrales del día.

Tras el apareamiento, la hembra lanza los huevos con precisión hacia los nidos de abejas o avispas solitarias, con la intención de parasitarlos.

Si no encuentra estos nidos o le resulta difícil llegar hasta ellos, realiza la puesta sobre las flores más visitadas por abejas y avispas. Cuando estas se posan para alimentarse, los huevos son recogidos junto con los granos de polen. Así, las propias hospedadoras los introducen en sus nidos, donde se alimentarán de los huevos y larvas nativos, así como de sus despensas.

Bombílido, mosca abejorro, *Bombylius*

Los pulgones tienen antenas formadas por 4, 5 o 6 segmentos. En el otro extremo del cuerpo, al final del abdomen, tienen dos cornículos: dos apéndices que utilizan para expulsar un líquido que repele a sus depredadores. Pueden apuntar hacia arriba o hacia atrás.

Los pulgones tienen una relación de simbiosis con las hormigas, es decir, se benefician mutuamente. Las hormigas se alimentan de la melaza producida por los pulgones y, a su vez, los protegen de depredadores y parásitos.

Los principales depredadores de los pulgones son las mariquitas, las crisopas y las moscas cernidoras. Una mariquita adulta puede comer hasta cien pulgones al día y a sus larvas también les encantan. Algunas arañas los devoran en grandes cantidades.

Los pulgones tienen sus propios parásitos: se trata de unos pequeños parientes de las avispas que depositan sus huevos sobre ellos. El pulgón parasitado cambia de color, se hincha y, finalmente, muere.

Todos estos enemigos naturales de los pulgones se utilizan como control biológico para proteger nuestros cultivos y jardines, pues los áfidos son muy resistentes a los pesticidas.

Pulgón, pulgón rojo, pulgón rojo del rosal, *Macrosiphum rosae*

El orden de los ortópteros incluye a saltamontes, grillos y langostas. Se caracterizan por unas patas traseras muy fuertes adaptadas para el salto. A menudo estas patas presentan espinas.

Se cree que pudieron ser los primeros animales terrestres que utilizaron el sonido para comunicarse. Poseen órganos auditivos: algunas especies los tienen en las tibias y otras en el abdomen.

Su canto, llamado estridulación, sirve a los machos para llamar a las hembras y marcar el territorio frente a otros competidores.

Las hembras poseen un largo apéndice con forma de sable al final del abdomen, que les sirve para depositar los huevos: el ovipositor.

El diminuto saltamontes de la imagen descansaba tranquilamente, agazapado entre los pétalos de una rosa.

Saltamontes longicorne, *Phaneroptera nana*, ninfa

La familia formada por los saltamontes de antenas cortas recibe el nombre de Caelífera. Son insectos herbívoros que, en gran número, pueden causar daños a las cosechas.

Las poblaciones pueden crecer excesivamente cuando las condiciones son favorables, pues una hembra pone entre 1.000 y 10.000 huevos en una sola estación.

Tienen distintos estilos de alimentación, para lo que cada especie ha adaptado su boca: masticar, chupar o lamer.

Además del par de ojos grandes y compuestos, pueden contar con hasta tres ojos simples, llamados ocelos, en la parte superior de la cabeza.

La función de estos ojos accesorios es detectar la presencia de luz y su intensidad. También les sirven para descubrir a los depredadores que les bloquean los rayos del sol al acercarse desde el aire, pues los saltamontes son una comida apreciada por muchas aves.

Este precioso ejemplar de saltamontes moteado tomaba tranquilamente el sol una mañana de otoño, posado sobre una hoja de salvia.

Saltamontes, **Caelífera**, ninfa

SUEÑO

Las abejas del género *Panurgus* son de tamaño pequeño a medio, llegando hasta los 14 milímetros. La mayoría son completamente negras, con un pelaje menos denso que otras especies. Podemos diferenciar a los machos porque tienen un vello facial largo y espeso.

Esta pequeña abeja vuela grandes distancias entre su nido y las plantas de las que se alimenta. Le encantan las flores de diente de león y se posa sobre ellas con mucha frecuencia.

Cuando va en busca de comida se desliza atravesando la flor por el centro, quedando totalmente cubierta de polen. Luego vuela de vuelta a su nido y allí descarga el polen usando sus patas. Estas reservas serán el alimento de sus larvas.

La abeja de la imagen eligió esa flor para pasar la noche: está tomada poco después del amanecer, cuando los rayos del sol aún no la habían calentado.

Abeja, *Panurgus*

Encontré dormido a este escarabajo del romero, pues tienen por costumbre descansar hasta bien entrada la mañana.

Son escarabajos muy bonitos que saltan a la vista por su brillo metalizado. La forma abultada de su cuerpo, las líneas rojas y verdes y el delicado punteado lo convierten en una verdadera joya del mundo de los insectos.

Esta especie es originaria del sur de Europa, donde se alimenta de plantas aromáticas: romero, lavanda, cantueso, salvia, tomillo...

Se ha extendido a otras latitudes donde se considera invasora, pues allí se come los cultivos.

Tanto las larvas como los adultos son herbívoros y se alimentan de las mismas plantas.

Escarabajo, escarabajo del romero, *Chrysolina americana*

Los escarabajos meloidos forman una familia que incluye más de 2.500 especies y 69 de ellas se encuentran en la Península Ibérica.

El escarabajo de la fotografía se distingue de otros miembros de su familia por el total de doce puntos negros que decoran sus élitros, seis en cada uno, destacando sobre fondo anaranjado rojizo. Pero el detalle que sirve para identificar a esta especie es la pequeña mancha negra, en forma de delgadísima media luna, en el extremo inferior de sus élitros.

También es característico el abundante vello que cubre por completo el cuerpo del insecto.

Este ejemplar se había alimentado hasta saciarse de los carnosos estambres de una flor de adormidera. Luego, haciendo honor al nombre de la planta, decidió echarse una siesta abrazado al voluminoso ovario.

Escarabajo, escarabajo meloido, mascaflor mesetario, *Mylabris hieracii*

Las mariquitas de siete puntos, en etapa adulta, advierten a sus depredadores de su mal sabor mediante el color rojo vivo de sus élitros.

Parece que su estrategia es idéntica cuando aún son larvas: las manchas naranjas y las pequeñas púas negras no la hacen muy apetecible. Es perfecto si quieres echar una siesta tranquilamente a plena luz del día.

Las larvas de mariquita son voraces depredadoras de pulgones, por lo que son muy populares como controladores biológicos de esta plaga.

En la fotografía se pueden observar los espiráculos de la oruga: son pequeños agujeritos por los que respiran. Normalmente hay una o más líneas de estos orificios a cada lado del cuerpo.

Escarabajo, mariquita, mariquita de siete puntos, *Coccinella septempunctata*, larva

Este ejemplar de mosca amarilla se encontraba en una hoja de rosal salpicada de melaza de pulgón. Debía sentirse molesta porque se desplazó hasta el borde y comenzó a frotar las alas con las patas traseras.

Una sola gota de melaza en unas alas tan pequeñas y frágiles debe ser muy incómoda a la hora de volar. Después de rascar y cepillar un rato, siempre hacia el extremo del ala, dejó unos minutos las patas traseras y las alas extendidas al sol.

Mosca, mosca amarilla, mosca amarilla de las flores, mosca de enjambre amarilla, *Thaumatomyia notata*, macho

En las imágines de las páginas 106 y 107:

Es muy importante asear el rostro, es la parte del cuerpo que más se mancha cuando comemos. Durante la alimentación muchos restos quedan pegados, especialmente si nuestra dieta está compuesta por líquidos dulces y pegajosos.

También hay que limpiar a menudo las antenas: sirven para oler, equilibrar, orientar, medir la humedad y temperatura del aire, oír e, incluso, detectar sabores atrapando partículas del aire.

Para terminar, hay que retirar de los ojos cualquier mota que pueda interferir la visión.

En la secuencia se observa la gran movilidad de la articulación de la cabeza en estos insectos: pueden girarla verticalmente hasta 180 grados, lo que facilita mucho su aseo.

Mosca, mosca cernidora, mosca de las flores, sírfido, **Syrphidae**

La chinche conocida como zapatero está presente en todo el hemisferio norte. Su presencia entre nosotros es muy habitual.

El tamaño de los adultos varía entre 6 y 12 mm, dependiendo en gran medida del tamaño de los huevos. Este disminuye con la edad de la hembra y las bajas temperaturas.

Las larvas que provienen de huevos pequeños están en seria desventaja frente a competidores y depredadores.

Una colonia de cientos de zapateros decidió instalarse en un merendero junto a un bosquecillo. El lugar era ideal para resguardarse del frío invierno: mobiliario de madera con múltiples grietas y recovecos bajo un techo también de madera.

En días soleados podían abastecerse de semillas de malva, sus favoritas, pues eran abundantes en las inmediaciones.

Algunas de estas chinches, como la de la fotografía, solo se animaron a salir de sus escondrijos cuando ya comenzaba a anochecer.

Chinche, sanantonio, zapatero, *Pyrrhocoris apterus*

Los escarabajos de las alfombras son realmente pequeños, miden entre 1 y 12 milímetros. Todos tienen el cuerpo ovalado y el dorso puede ser de tonos blancos, amarillos, rojos y negros. Lo más habitual es una combinación simétrica de varios de estos colores formando un mosaico.

Su nombre popular viene dado por la afición de sus larvas a colonizar alfombras, pieles, tapices, ropa... Allí viven y anidan, pudiendo convertirse en auténticas plagas en el interior de los hogares. Los adultos se alimentan de polen.

Este escarabajo tomaba el sol apaciblemente cuando me acerqué con la cámara. Debió percibirme como una amenaza y corrió a ocultarse tras la flor, dejando al descubierto sólo una pequeña porción de su cuerpo, del mismo color que los pétalos.

Permaneció completamente inmóvil hasta que me marché. Si no lo hubiese visto antes, me habría pasado totalmente desapercibido.

Escarabajo, escarabajo de las alfombras, *Anthrenus*

Las cásidas son escarabajos redondeados y aplanados, con unos bordes perimetrales que sobresalen de su cuerpo. Para protegerse dobla las patitas y esconde las antenas bajo su armadura. Luego se pega a la superficie como una lapa.

Como generalmente se encuentra sobre las plantas que forman su dieta, los tonos verdes de su coraza también le sirven como camuflaje.

Los adultos se alimentan de hojas y flores. Las larvas viven bajo tierra y se comen las raíces y los tallos de las mismas plantas.

Algunas especies son plagas voraces de diversos cultivos, como la remolacha, sobre todo en el sur de España.

La cásida de la fotografía llegó volando y aterrizó sobre una carpeta. Permaneció un rato acurrucada bajo su escudo. Luego se atrevió a asomar las antenas poco a poco. Pero nada más ver la cámara de fotos, se dio la vuelta y salió volando.

Escarabajo, cásida, *Cassida vittata*

La mariposa podalirio es una de las más grandes y llamativas de Europa, eso la hace una de las más conocidas y populares. Las hembras son algo más grandes que los machos, pudiendo superar los 7 centímetros.

Además de las rayas negras sobre fondo blanco amarillento, sus alas tienen dos ocelos azules, parcialmente rodeados de rojo, y una cola muy elegante.

Se llama ocelo a un tipo de «estampado» de algunos seres vivos, formado por una o varias manchas redondas y multicolores que, por su forma y color, simulan un ojo. Aparecen en las alas de las mariposas, en el plumaje de las aves, en el pelaje de los mamíferos e, incluso, en los peces. Los ocelos sirven para camuflar al portador y engañar a los depredadores.

A ti qué te parece: ¿alas y colas?, ¿ojos y antenas?

Mariposa, chupaleche, podalirio, *Iphiclides feisthamelii*

La pequeña mariposa del encinar vuela entre mayo y agosto. Mide unos 15 milímetros y es muy sensible al frío.

Escoge áreas abiertas próximas a los encinares, secas, con buena insolación y abundancia de plantas aromáticas, de las cuales se alimenta.

Podemos diferenciar a las hembras porque tienen unas pequeñas manchas de color cobrizo en las alas.

Su oruga puede asociarse con hormigas, igual que **Aricia cramera**.

Es muy difícil descubrirla si se encuentra inmóvil, posada sobre las hojas de encina y con las alas plegadas.

Si te mueves cerca, a su alrededor, ella se girará para ofrecer una visión sesgada de su cuerpo, como en la fotografía, lo que dificulta a sus depredadores distinguirla con claridad entre las hojas que la rodean.

Mariposa, mariposa de las encinas, mariposa de la coscoja, querquera, rabicorta de la coscoja, **Satyrium esculi**, hembra

La polilla penacho, o pluma, es una mariposa nocturna de unos 35 milímetros de envergadura. Es muy fácil de distinguir por sus alas de apariencia plumosa, que no puede plegar. Su estación de vuelo es muy breve, entre junio y agosto.

Tanto las adultas como las larvas son herbívoras y amantes de las campanillas silvestres.

De hábitos nocturnos, la mariposa pluma busca perchas adecuadas para dormitar y ocultarse durante el día.

El ejemplar de la fotografía había escogido una zona con maleza densa en el lindero de un camino forestal, muy cerca de un río. La franja de vegetación era de apenas un metro, pero supo encontrar el lugar más inaccesible, rodeada de espinas.

Mariposa, mariposa pluma, polilla penacho, **Pterophoridae**

Siempre me ha parecido que los saltamontes son unos genios del camuflaje. Y cuanto más los veo en su medio natural más me convencen.

No solo adaptan sus colores, sino también la textura y las formas de su cuerpo: son capaces de camuflarse en un arbusto de hojas verdes, entre la hierba o en un montón de hojas secas.

Pueden mimetizarse con su entorno a la perfección. Permanecen quietos mientras intentan pasar desapercibidos para los numerosos depredadores que les acechan.

Y deben ir con mucha precaución: aves, murciélagos, pequeños mamíferos terrestres, zorros, gatos, serpientes, mantis, libélulas... Parece que están en el menú de todos los animales.

Este saltamontes posó muy tranquilo para la fotografía, confiado en su excelente parecido con la vegetación circundante.

Saltamontes, **Caelifera**

CAMUFLAJE

Cuando veo esta fotografía y recuerdo mis sensaciones al tomarla, pienso que un título apropiado sería «el observador observado». Pero nunca termino de decidir quién sería el «observador» y quién el «observado».

Este saltamontes debía creer que me estaba mirando sin ser visto, asomado tras la hoja otoñal de roble melojo. Se ocultó varias veces y solo volvía a asomarse, con mucha cautela, cuando yo permanecía completamente quieta.

Los insectos más grandes y con buena vista suelen ser muy curiosos y les gusta observar su entorno, siempre que no se sientan amenazados.

Si te acercas con cuidado, despacio y sin hacer movimientos bruscos, podrás descubrir comportamientos sorprendentes.

Saltamontes, **Caelifera**

Las antenas de los escarabajos son fundamentalmente órganos olfativos. Algunas especies también los usan como palpos, para examinar el espacio más inmediato.

Otros escarabajos utilizan sus antenas como reguladores del vuelo, para orientarse e, incluso, para detectar sonidos y sabores cercanos, atrapando pequeñas partículas que flotan en el aire.

Como vemos, las antenas son órganos multisensoriales muy delicados, que ayudan al insecto a relacionarse con su entorno.

Las antenas varían mucho de unos escarabajos a otros, pero suelen ser similares dentro de una misma familia. En ocasiones se utilizan para diferenciar a unas especies de otras.

A veces, los machos y las hembras de la misma especie tienen antenas de formas, tamaños y colores diferentes.

Durante la época reproductiva, las antenas de los machos pueden percibir y orientarse hacia las hormonas sexuales emitidas por las hembras. Así facilitan la función de reproducción.

Escarabajo, escarabajo meloido, mascaflor punteado, *Hycleus scutellatus*

Hay unas 80 especies de escarabajos del género Oedemera. Miden entre 5 y 20 milímetros y su coloración es muy variable: desde colores brillantes y metalizados hasta tonos pardos y ocres.

Una característica distintiva de esta especie son sus élitros, que se van estrechando hacia el final del abdomen, dejando desprotegidas y a la vista las alas inferiores.

Son escarabajos de hábitos florícolas y contribuyen a la polinización de sus flores preferidas. La mayoría son diurnos.

El dimorfismo sexual es muy evidente en esta familia, por lo que es muy fácil diferenciar a los dos sexos: los machos tienen los fémures de las patas traseras muy engrosados, mientras que las hembras los tienen más esbeltos.

Escarabajo, **Oedemera simplex**, hembra
Escarabajo, **Oedemera nobilis**, macho

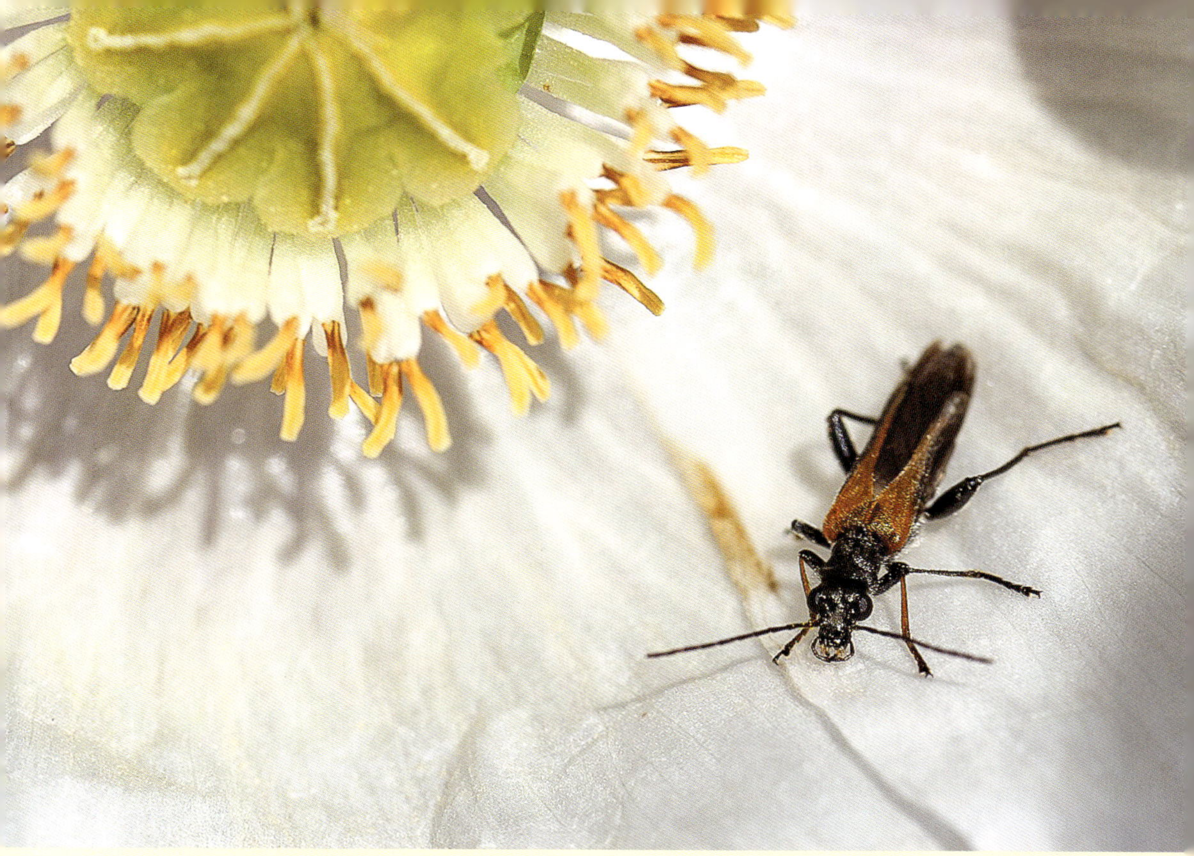

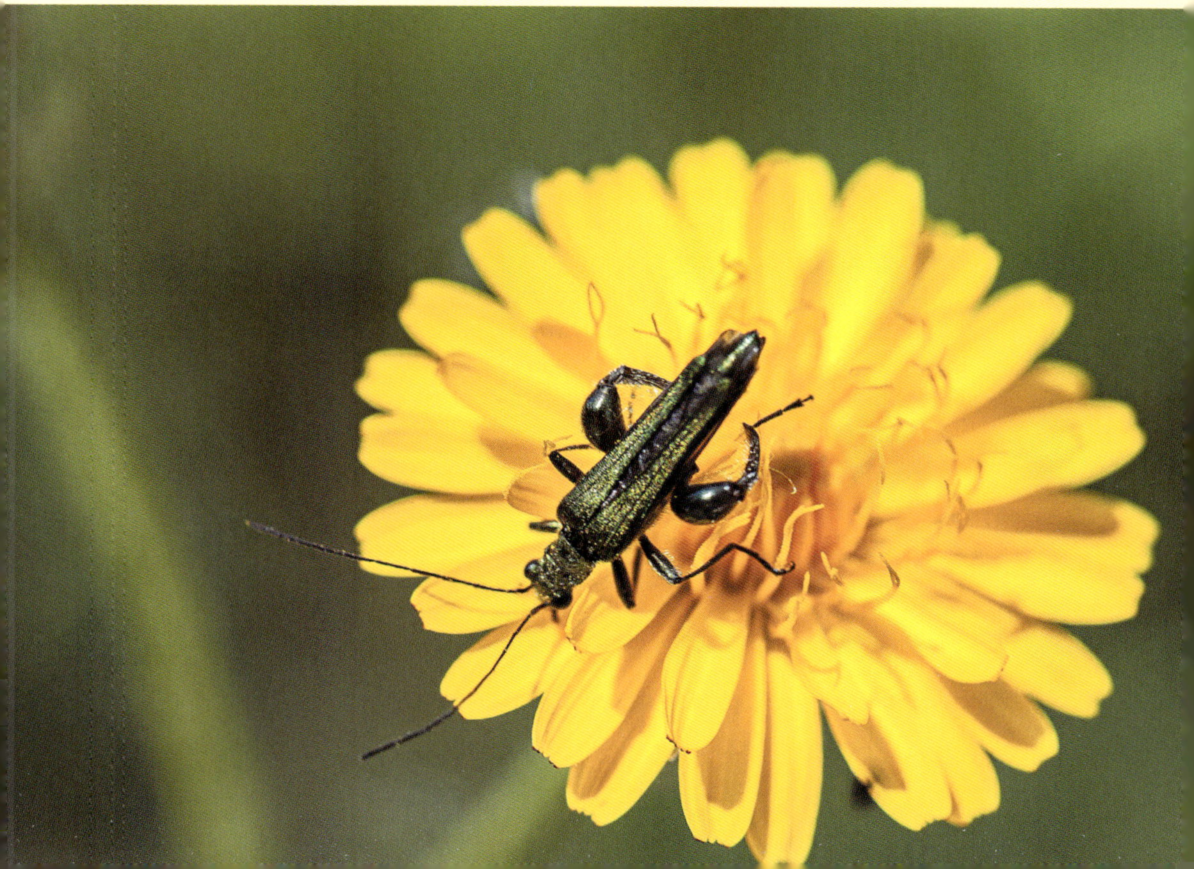

Los escarabajos mordélidos son muy pequeños. Su tamaño varía entre los 3 y los 8 milímetros y su coloración es poco vistosa, pues siempre visten tonos oscuros o negros.

Su forma es muy característica: tienen un cuerpo encorvado que se adelgaza hacia la cola. El abdomen es alargado y puntiagudo.

Son una especie diurna y amante del calor. En primavera y verano vive sobre las flores, conviviendo con otros congéneres.

Estos escarabajos suelen estar muy activos, sobre todo en las horas más calurosas del día, y salen volando si sospechan peligro.

Cuando se caen o resbalan vuelven a enderezarse con saltos rápidos, tipo voltereta, hasta que se posan de nuevo sobre sus patas, preparados para volar hasta la siguiente flor.

Escarabajo, escarabajo mordélido, *Mordella*

En el mundo se conocen actualmente más de 14.000 especies de hormigas. Todas se organizan en estados sociales con normas rígidas.

Una colonia de hormigas negras de jardín, **Lasius niger**, puede albergar más de 10.000 obreras, pero una única reina. Si durante la fundación coinciden varias hembras fértiles, luchan hasta que solo queda una.

La vencedora se convierte en la reina de la colonia y realiza la primera puesta lo antes posible. Será una primera generación de pequeñas obreras que, cuando crezcan, se encargarán de todas las tareas del hormiguero. La reina se reserva en exclusiva la función reproductora.

En cuanto nacen, las primeras obreras comienzan a ampliar el nido y se ocupan del cuidado de la reina y las crías. Luego abren la entrada del nido y salen a la superficie en busca de alimento.

Es crucial encontrar comida lo antes posible: la reina ha perdido la mitad de su peso corporal mientras cuidaba de esa primera generación de obreras sin alimentarse ella. Necesita un buen banquete con urgencia.

En otras especies de hormigas negras, varias reinas pueden llegar a convivir en un mismo nido, formando colonias enormes.

Hormiga, **Formicidae**, obrera

Una colonia de hormigas funciona como un estado, con una estructura social compleja. Los individuos se diferencian por su forma y por cumplir unas funciones determinadas y concretas: es lo que se conoce como castas. En las hormigas son muy parecidas a las de las abejas, con reina, obreras y zánganos.

Algunas especies de hormigas tienen obreras menores, medianas y mayores, dependiendo del trabajo al que están destinadas.

También existe la especialización de las soldados: obreras de mayor tamaño que el resto, con una gran cabeza y fuertes mandíbulas. Son hembras estériles equipadas para la defensa del hormiguero.

La casta de las hormigas se decide durante su fase de larva, ya en los primeros días, mediante la comida que reciben y las hormonas que se le añaden. Las futuras reinas reciben del buche de las obreras nodrizas un alimento especial que contiene un jugo rico en hormonas.

El nacimiento de hormigas soldado también se determina con la adición de una hormona juvenil a su comida, para estimular el crecimiento.

Comparando la fotografía de la página siguiente con la anterior, podemos observar las diferencias, de tamaño y forma, entre obrera y soldado. Ambas buscaban el dulce néctar de un pequeño cardo a principios de primavera.

Hormiga, **Formicidae**, soldado

Las abejas *Anthophora* son de las más numerosas: más de 450 especies descritas en todo el mundo. Aunque por su tamaño, de hasta 15 milímetros, pueda confundirse con un abejorro, su forma es más redondeada y su vuelo más rápido.

Son abejas de costumbres solitarias, aunque algunas anidan en agregaciones numerosas. Casi todas construyen sus nidos en el suelo o en paredes de tierra o arcilla. Las larvas se desarrollan en estas cámaras provistas con un revestimiento impermeable y no tejen capullos.

Los machos, como el de la imagen, tienen mechones de pelo especiales en el segundo par de patas. Cuando perciben peligro, levantan lateralmente estas patas, apoyándose en las otras cuatro, para intimidar a sus adversarios. También las exhiben durante los rituales de apareamiento.

Y en la parte inferior de la flor encontramos una sorpresa: el parto vivíparo de un insecto. Cuando las pulgonas dan a luz a las crías es porque no ha habido intercambio genético: es un clon, pues son idénticas a sus madres.

Cuando hay intercambio genético, mediante el apareamiento, las hembras de pulgón ponen huevos.

Abeja, abeja de patas peludas, ***Anthophora plumipes***, macho
Áfido, pulgón, **Aphididae**

REPRODUCCIÓN

Las chinches de campo pasan el invierno en estado adulto. Algunas especies se agrupan en refugios de hibernación, donde duermen aletargadas hasta que suben las temperaturas.

Las primeras parejas de la temporada aparecen hacia el principio de la primavera, en días soleados, buscando los brotes de sus plantas favoritas.

Realizan un único ciclo reproductivo al año, que está muy influido por las temperaturas: el número de huevos y su tamaño es mayor cuando la estación es especialmente cálida.

El desarrollo de las larvas puede llegar a fracasar por debajo de 15º C, llegando a perderse parte de la generación anual.

Estas chinches son herbívoras en todas sus fases y se alimentan principalmente de semillas de flores silvestres.

Los adultos también usan su estilete para succionar los jugos vegetales de la planta. Nunca atacan a las personas porque no formamos parte de su dieta.

Chinche, *Macroplax fasciata*

El escarabajo de seis puntos de la familia Chrysomelidae es un endemismo de la Península Ibérica y sur de Francia.

Recibe su nombre de los tres puntos negros que decoran cada uno de sus élitros: tristigma significa tres marcas.

Su colorido puede recordarnos a la mariquita, pero estos escarabajos son más alargados y tienen el cuerpo cubierto de vello corto. El color rojo llama la atención para avisar a los depredadores de su sabor desagradable: es una estrategia defensiva llamada aposematismo. Todo lo contrario que el camuflaje.

Es habitual verlo en prados, pastizales y zonas con matorrales poco densos. Prefiere los lugares despejados y soleados.

En la época de apareamiento, cuando se forma una pareja, pasan el día comiendo y copulando en la misma flor. La hembra se agarra a la planta y el macho la fecunda subido sobre su espalda.

Esta posición de cópula es muy habitual en los escarabajos. En algunas especies, incluso, los machos tienen uñas especiales en las patas delanteras para una mejor sujeción.

Escarabajo, escarabajo de seis puntos, *Lachnaia tristigma*

Este pequeño escarabajo de las hojas puede llegar a alcanzar los 5 milímetros. Son completamente negros excepto los élitros, que machos y hembras decoran con distintos patrones de manchas.

Su nombre significa literalmente «cabeza oculta» y «cuello rugoso».

En primavera buscan flores frescas y llenas de polen. En ellas se alimentan y se reproducen.

En ocasiones, se reúnen en grupos numerosos sobre una misma flor, produciéndose varias cópulas al mismo tiempo. Los individuos que no han conseguido pareja se marchan a otra flor, continuando su búsqueda.

El momento del apareamiento es un momento especialmente vulnerable para los escarabajos, pues no podrán salir volando en caso de peligro.

Escarabajo, crisomela de cuello rugoso, crisomélido, *Cryptocephalus rugicollis*

Muchas especies de insectos permiten diferenciar a machos y hembras por pequeños detalles.

La pareja de la fotografía pertenece a la misma especie, presentando un dimorfismo sexual muy pronunciado. La variabilidad de sus colores les ha dado nombre: variabilis.

La hembra presenta un color beige con estrechas franjas punteadas más oscuras, ideal para camuflarse en suelos con arena y piedrecitas.

El macho, en cambio, tiene los élitros de color naranja rojizo, con puntos negros igual que el resto de su cuerpo.

Esta adaptación es doble, según el género: ayuda a la hembra a camuflarse en el entorno y pasar desapercibida, mientras que el macho puede destacar en un prado de flores amarillas, como era el caso, para disuadir a los depredadores. Mientras está unido a la hembra, también la protege a ella.

Escarabajo, *Gonioctena variabilis*

En un momento determinado del año, según cada especie, la hormiga reina hace una puesta de grandes huevos en una zona determinada del nido. Tras el cuidado especializado de las hormigas nodrizas nacerán adultos con alas y sexuados.

Esta generación de hormigas aladas sale del nido y comienza el vuelo nupcial, también llamado enjambre o enjambrazón.

Durante la cópula, la hembra fértil recibe esperma para toda la vida, conservándolo en una bolsa seminal. Una reina de hormiga negra puede llegar a vivir doce años, aunque hay datos de reinas que han vivido hasta treinta años, por lo que debe conservarlo con mucho cuidado. Cada vez que realiza una puesta, ella misma decide si fecunda los huevos o si los deja sin fecundar.

Los huevos sin fecundar, puestos por la reina o incluso a veces por las obreras, reciben el nombre de «huevos tróficos»: siempre darán lugar a machos y también pueden servir de alimento a la colonia.

Esta especial forma de reproducción sin intercambio genético se llama partenogénesis.

Hormiga, **Formicidae**, reina y zángano

Las típulas no son mosquitos, no pican a los mamíferos y no tienen aguijón. Son insectos herbívoros totalmente inofensivos, aunque su gran tamaño y su torpe vuelo causen pánico a algunas personas: pueden alcanzar los 4 centímetros de longitud.

Podemos reconocer a las típulas porque solo tienen un par de alas y por sus larguísimas y frágiles patas.

Los adultos aparecen a principios del verano, los más madrugadores ya están activos en el mes de abril. Entonces comienza la época reproductiva.

Tras el apareamiento, cada hembra puede poner hasta 1.000 huevos a lo largo del verano. Están equipadas con un ovipositor especial para poner los huevos dentro del suelo.

Las larvas se alimentan de raíces, por lo que se convierten en una plaga si son muy numerosas. Pero en los bosques son muy beneficiosas porque preparan el humus, haciendo el suelo más fértil.

Típula, mosca grulla del pantano, mosquito de la col, *Tipula oleracea*

Las galerucas son escarabajos de pequeño tamaño: esta hembra no medía más de 5 milímetros. Los machos pueden alcanzar los 10 milímetros y tienen la cabeza y las antenas mucho más desarrolladas.

Su dieta es exclusivamente herbívora. Los adultos acostumbran a pasar la noche entre las hierbas silvestres. Durante el día se desplazan a árboles o cultivos con hojas tiernas para alimentarse y realizar los apareamientos.

Al atardecer vuelven a sus hierbas favoritas para descansar y poner sus huevos. Al acto de poner los huevos se le llama oviposición.

La galeruca de la fotografía eligió una cimbalaria para depositar sus huevos. Los fue disponiendo en el tallo con mucho cuidado, uno a uno.

Para pegarlos de forma segura, utiliza una pasta pegajosa que excreta al mismo tiempo que los huevos y que se endurece al contacto con el aire.

Estos escarabajos pueden convertirse en una plaga poco importante para las vides y algunos árboles, como los pistacheros.

Escarabajo, clitra, escarabajillo, galeruca, *Labidostomis lusitánica*

Las hembras de esta especie de chinches tienen una costumbre muy particular a la hora de poner sus huevos: los depositan sobre otras chinches de su misma especie, tanto machos como hembras, que se convierten así en nidos móviles.

También ponen huevos sobre su planta hospedadora, pero disponer de porteadores estimula la puesta de más huevos maduros. Las hembras no pueden cargar con sus propios huevos, de modo que tienen que buscar un congénere que, en la mayoría de las ocasiones, suele ser un macho. ¿Cuidado parental o parasitismo dentro de la misma especie?

En cualquier caso, esta estrategia da una mayor protección a los huevos que si estuvieran en un lugar fijo, como pegados a los tallos u hojas de una planta. También les ayuda la notable capacidad para camuflarse de los porteadores.

El ejemplar de la fotografía paseaba, con su preciosa carga, por un paisaje rocoso de líquenes y musgo seco.

Chinche, chinche de huevos dorados, *Phyllomorpha laciniata*

REPRODUCCIÓN

Las hembras de chinche verde ponen centenares de huevos, agrupados en plastones, que oscilan entre 30 y 130 cada uno.

Son huevos cilíndricos, de color amarillo al principio, que se van volviendo anaranjados según evolucionan las larvas de su interior.

Tanto las ninfas como los adultos se alimentan de jugos vegetales. Debido a lo numerosas que son sus puestas, la chinche verde puede convertirse en una plaga para los cultivos, principalmente en invernaderos.

Se la conoce como chinche hedionda porque despide un olor intenso, irritante y duradero, cuando es molestada.

En la fotografía vemos una puesta sobre una hoja seca, con huevos en diferentes estados de maduración. Algunos ya han eclosionado y otros no llegarán a hacerlo.

Chinche, chinche hedionda, chinche verde, *Nezara viridula*

REPRODUCCIÓN

Las crisopas son insectos de aspecto frágil y delicado. Incluso sus huevos tienen esta apariencia y son minúsculos.

Las hembras fecundadas ponen sus huevos sobre una hoja o ramita. Los huevos tienen una especie de tallo, llamado pedúnculo. El pedúnculo es un hilo rígido: la hembra sujeta primero el hilo a la superficie de puesta y luego coloca el huevo en el extremo.

La longitud del tallo es variable dependiendo de la especie. Algunas agrupan todos los huevos juntos y otras los diseminan en un área extensa. Son distintas estrategias para proteger a su descendencia de los depredadores.

Es habitual encontrar los huevos de crisopa, bien escondidos, cerca de una colonia de pulgones. Junto a las mariquitas y las moscas cernidoras, las crisopas son sus mayores depredadoras, siendo uno de los grupos de insectos más importantes en la lucha biológica contra pulgones.

Neuróptero, alas de encaje, crisopa, *Chrysopa*, huevos

El cuerpo de las crisopas adultas mide aproximadamente 1 centímetro y la envergadura de sus alas alcanza los 3 centímetros.

Tienen dos pares de alas transparentes, con nervios de color verde o amarillento. En reposo mantienen las alas plegadas sobre el cuerpo, formando una especie de tejado, como todos los neurópteros.

Su camuflaje es casi perfecto, hay que tener mucha paciencia para encontrarlas. Durante los días de verano descansan tranquilamente sobre las hojas verdes, confiadas en el mimetismo de su cuerpo.

Las crisopas están más activas al atardecer o por la noche. En verano vuelan buscando la luz eléctrica en grupos numerosos.

Algunas crisopas tienen en la base de las alas un órgano auditivo que les permite oír ultrasonidos. Se cree que es una adaptación para defenderse de los murciélagos, que salen por la noche a cazar insectos voladores.

Neuróptero, alas de encaje, crisopa, *Chrysopa*, imago

La palabra metamorfosis significa transformación, cambio de forma. Las mariposas, escarabajos, moscas o avispas realizan una metamorfosis completa: del huevo emerge una larva con un cuerpo muy diferente del adulto.

Esta larva pasará por varias mudas hasta llegar al estado de pupa para completar su desarrollo. En estado pupal se inmovilizará y dejará de comer.

La mayoría de los insectos realizan este proceso de metamorfosis dentro de una cubierta protectora: se trata de un capullo si es una envoltura hilada por la larva, con seda u otro material; o bien será una crisálida, si es un estuche endurecido que protege la pupa.

Pasado el tiempo adecuado, surgirá el individuo adulto, llamado imago, que probablemente estará dotado de alas y podrá volar.

Oruga

Esta larva de mariposa se encuentra en su cuarto estadio. Cuando salió del huevo era de color negro con dos manchas amarillo-verdosas y estaba cubierta de pelitos negros, para disuadir a los depredadores.

En su primera muda ya adoptó este color verde brillante, adecuado para camuflarse entre las hojas de los almendros, cerezos o melocotoneros, que son su comida preferida.

La oruga de la fotografía se alimentó tranquilamente, durante varios días, en la misma rama baja de un ciruelo ornamental.

En ese momento ya había realizado tres mudas. Tras la siguiente muda debía alimentarse muy bien y buscar un lugar tranquilo para fabricar su crisálida.

Mariposa, chupaleche, podalirio, *Iphiclides feisthamelii*, larva

El proceso de metamorfosis se produce dentro de la crisálida y, en esta especie, dura unas dos semanas, en las que la mariposa no come ni se mueve.

Dentro de su estuche protector, los tejidos y los órganos de la mariposa se reorganizan: enzimas digestivas destruyen las células que ya no son necesarias. Los nutrientes liberados se utilizan para construir los nuevos tejidos, como sus preciosas alas y los músculos necesarios para volar.

Una vez completada la metamorfosis, la mariposa adulta emerge y extiende sus nuevos miembros al sol: alas, patas, antenas, ojos, espiritrompa...

Mariposa, chupaleche, podalirio, *Iphiclides feisthamelii*, imago

La coraza externa de los saltamontes, recién formada, puede estirarse un poco, pero una vez endurecida se convierte en un estuche rígido. Se llama exoesqueleto, porque es un esqueleto que está en el exterior.

Si el saltamontes crece en tamaño, deberá deshacerse de su armadura cuando se le quede pequeña. Una vez fuera, tiene que estirar y ampliar la nueva coraza, que estaba oculta bajo la anterior.

Para evitar complicaciones con los órganos externos más delicados, solo los saltamontes adultos desarrollan alas.

El exoesqueleto antiguo, inservible una vez realizada la muda, se llama exuvia.

Exuvia de saltamontes

Para los antiguos griegos, una ninfa era una diosa menor femenina que personificaba un elemento de la naturaleza: un lago, un arroyo, una arboleda, una playa...

En zoología se usa la palabra ninfa para nombrar los estadios juveniles de los insectos con forma similar a los adultos, pero con el desarrollo aún incompleto: carecen de alas y son asexuados.

El cerebro de los insectos controla los procesos de muda y metamorfosis, estimulando la segregación de diversas hormonas cuando llega el momento adecuado.

Las células de la nueva piel, al formarse, descomponen y «reciclan» algunos componentes del exoesqueleto antiguo. De este modo lo adelgazan y suavizan, facilitando la muda.

Chinche, chinche de escudo, chinche de las semillas, *Carpocoris*, ninfa

Este proceso de crecimiento y muda se repetirá hasta llegar a la fase adulta o imago. Esta etapa final presenta la estructura corporal más completa, además de la madurez sexual: ahora los individuos son fértiles y pueden reproducirse.

Las chinches y los saltamontes realizan una metamorfosis sencilla o incompleta, pues no pasan por una etapa de inactividad en la que dejan de alimentarse: para crecer solo deben desprenderse del exoesqueleto que les ha quedado pequeño.

Las ninfas son parecidas a los adultos, pero no idénticas. Esto produce muchos dolores de cabeza a entomólogos y aficionados a la hora de identificarlas.

Chinche, chinche de escudo, chinche de las semillas, *Carpocoris*, imago

El éxito de los pulgones como especie reside en su peculiar forma de reproducción. A comienzos de la primavera, cuando el frío remite, los pulgones aparecen para comenzar una nueva temporada reproductiva.

La mayoría de los áfidos hibernan como huevos, de los que nace una generación de pulgonas, porque todas son hembras. Esta primera generación del año se llama generación fundadora.

Las fundadoras son vivíparas y se reproducen por partenogénesis: dan a luz a clones genéticamente idénticas a sí mismas. Las pulgonas que nacen así tienen periodos de desarrollo muy cortos, porque no necesitan madurar dentro del huevo.

Si el clima es bueno y hay suficiente alimento, cada pulgona puede dar a luz a cientos de clones en una sola temporada.

Algunas especies, incluso, presentan «generaciones telescópicas»: una madre puede parir a una pulgona hija que ya está embarazada... ¡Son la pesadilla de los jardineros!

Pulgón, áfido, pulgón rojo, pulgón rojo del rosal, *Macrosiphum rosae*

Cuando las plantas hospedadoras no les aportan suficiente alimento, los áfidos emigran a otras cercanas.

Algunas pulgonas dan a luz a descendientes alados si el alimento es escaso o de baja calidad. También en caso de padecer una infección causada por virus.

Estos pulgones alados pueden realizar migraciones de larga distancia: se elevan hasta encontrar una corriente de aire favorable que los transporte en la dirección deseada. Entonces se dejan arrastrar utilizando sus pequeñas alas a modo de vela.

La última generación del año es diferente. En otoño nacen tanto machos como hembras, ambos fértiles. Los machos también son clones de su madre, pero con un cromosoma sexual menos.

La única reproducción sexual de la temporada da lugar a una puesta de huevos. Así esperarán hasta la primavera, para comenzar un nuevo ciclo reproductivo.

Áfido, pulgón, **Aphididae**, pulgón alado

La mariposa del geranio es una especie originaria de Sudáfrica. Fue introducida accidentalmente por el ser humano en el área mediterránea a finales de la década de 1980.

Las hembras depositan sus huevos sobre los geranios durante el verano. Cuando eclosionan, las pequeñas larvas se alimentan de estas plantas: se introducen en el tallo desde la flor, excavando un túnel, para alimentarse de la savia vegetal.

Cuando una flor se agota pasan a la siguiente, pudiendo destruir una planta en pocos días, pues son muy voraces en estado larval. Tras las primeras mudas se alimentan de las hojas y del interior de los tallos.

Su ciclo biológico es muy rápido, produciendo varias generaciones al año. Además, en Europa no tienen depredadores naturales que controlen sus poblaciones. ¡Pobres geranios!

La mariposa de la fotografía ha debido sufrir un ataque que ha dañado sus alas. Aunque de momento ha sobrevivido, ya no es capaz de volar con precisión.

Mariposa, mariposa africana, mariposa del geranio, *Cacyreus marshalli*

Siempre que pensamos en mosquitos nos acordamos de las picaduras y su zumbido a nuestro alrededor en las noches de verano.

Si buscas información sobre ellos, una de las primeras palabras que leerás es «hematófago»: que se alimentan de sangre. Y es cierto, pero solo en parte.

Las larvas se alimentan de plantas y material orgánico, normalmente detritus, contribuyendo a eliminar la materia en descomposición.

En fase de pupa no se alimentan.

Durante su etapa adulta se produce una diferenciación por sexos. Los machos se alimentan de polen, néctar y jugos de frutas maduras, que puedan absorber. Solo las hembras adultas, una vez fecundadas, buscan la sangre de mamíferos porque la necesitan para el desarrollo de sus huevos.

La hembra de la fotografía iba en busca de la dulce savia de un cactus cuando quedó ensartada en una de sus espinas.

Mosquito, mosquito común, mosquito trompetero, *Culex pipiens*, hembra

LOS COMIENZOS DE LA ENTOMOLOGÍA
EN LA PROVINCIA DE CIUDAD REAL

A mediados del siglo XIX nació, en Pozuelo de Calatrava, José María de la Fuente y Morales, un pionero de la entomología manchega que luego pasaría a la historia como «El cura de los bichos».

Tras ordenarse sacerdote y regresar a su pueblo natal, compaginó durante toda su vida sus ocupaciones religiosas y su pasión por la observación y el estudio de la naturaleza, concretamente en el amplio y diverso mundo de los insectos.

Fue miembro fundador de la Sociedad Aragonesa de Ciencias Naturales, siendo su presidente en 1912. También participó en la fundación de la Sociedad Entomológica de España, de la que fue nombrado presidente en 1925 y socio honorario en 1931.

Reunió una biblioteca con más de cuatrocientos volúmenes, relativos a las Ciencias Naturales, y una colección de insectos que contaba más de setenta y cinco

RDO. D. JOSÉ M.ª DE LA FUENTE, PBRO.
PRESIDENTE DE LA SOCIEDAD ENTOMOLÓGICA DE ESPAÑA
PARA 1925

José María de la Fuente (1855-1932)

mil ejemplares, de gran valor científico e histórico. Ambas pasaron a manos de la Diputación Provincial de Ciudad Real. La colección entomológica se encuentra en la actualidad en el Museo Provincial.

Publicó su *Catálogo de los coleópteros de la Península Ibérica* entre 1918 y 1935, obra de referencia que le otorgó un lugar privilegiado en la historia de la entomología española.

Sus trabajos e investigaciones quedaron plasmados en más de 60 publicaciones, fundamentalmente sobre coleópteros.

Como reconocimiento a su enorme dedicación e influencia, sus colegas entomólogos le han dedicado más de 30 especies de insectos.

Antenas: son órganos sensores de los insectos. Cada individuo tiene un par y se encargan del olfato y el tacto. Algunos insectos también las utilizan para oír y equilibrarse.

Apareamiento: emparejamiento con fines reproductivos.

Arácnidos: clase de artrópodos que incluye a arañas, garrapatas, ácaros y escorpiones.

Artejo: cada una de las partes en que se dividen las antenas, patas o palpos de los insectos.

Asexuado: que carece de sexo.

Bolsa seminal: en hormigas, órgano para almacenar semen del aparato reproductor de las reinas.

Buche: en hormigas, primer estómago sin glándulas digestivas, donde se conservan los alimentos para compartir con otros congéneres.

Camuflar: pasar desapercibido en el entorno natural. Los animales lo consiguen gracias a la coloración y los patrones de sus cuerpos.

Casta: en los insectos sociales, se llama casta a los miembros de la misma especie que desarrollan la misma función.

Ciclo biológico: crecimiento y sucesión de cambios que experimenta un organismo hasta que se reproduce.

Clon: organismo genéticamente idéntico.

Congénere: del mismo género o especie.

Control biológico: método de lucha contra las plagas que consiste en utilizar a seres vivos para controlar las poblaciones de especies consideradas perjudiciales.

Copular: unirse sexualmente.

Crisálida: estuche rígido dentro del cual se produce la metamorfosis, es decir, la transformación de larva a individuo adulto.

Depredador: organismo que consume todo o parte del cuerpo de otro, la presa, para subsistir.

Detritus: residuos que provienen de la descomposición de material orgánico.

Dimorfismo sexual: variaciones de la forma externa entre machos y hembras de una misma especie, incluyendo tamaño, coloración y forma.

Eclosionar: romper la envoltura de un capullo o huevo para permitir la salida o nacimiento del animal.

Élitros: alas anteriores de las familias de saltamontes y escarabajos, endurecidas, que protegen al par de alas posteriores, las únicas útiles para el vuelo.

Endemismo: una especie que solo es posible encontrar de forma natural en un lugar determinado.

Enjambre, enjambrazón: en hormigas, vuelo de fecundación en el que las reinas vírgenes y los zánganos se aparean.

Entomólogo: especialista en el estudio científico de los insectos.

Envergadura: distancia entre los extremos de las alas.

Enzimas: proteínas complejas fabricadas por el propio cuerpo que producen cambios químicos.

Esperma: semen, fluido que transporta los espermatozoides.

Espiritrompa: aparato bucal de las mariposas, adaptado para chupar el néctar de las flores.

Estadio: en los insectos, estados de la vida: huevo, ninfa o larva, pupa o crisálida y adulto. También se llama estadio a las diferentes fases juveniles de desarrollo entre dos mudas.

Estambre: órgano masculino de la flor que porta el polen.

Estéril: incapaz de reproducirse.

Estilete: pieza bucal de los insectos especializada en perforar y succionar.

Excretar: expulsar residuos, como orina o anhídrido carbónico.

Fecundación: en las plantas se produce cuando el polen se junta con el óvulo, fertilizándolo. Éste dará lugar a la semilla de la planta.

Fértil: capaz de reproducirse.

Florícola: que vive en las flores.

Gramíneas: familia de plantas herbáceas con forma de espiga.

Hibernación: estado de letargo que adoptan algunos animales durante el invierno. Reducen el metabolismo, la respiración y la temperatura muy por debajo de lo normal. Utilizan las reservas de energía que almacenaron en su cuerpo durante los meses cálidos.

Hormonas: son los mensajeros químicos del cuerpo y afectan a muchos procesos, incluyendo el crecimiento y el desarrollo.

Hormonas sexuales: sustancias químicas que usan los insectos y otros animales para encontrar pareja.

Hospedador: organismo que lleva a otro en su interior o sobre sí mismo.

Humus: capa superior del suelo, formada por restos orgánicos descompuestos y organismos descomponedores.

Larva: fase juvenil de los insectos con metamorfosis completa. Las larvas tienen anatomía y ecología diferentes a los adultos.

Leguminosa: planta que produce las legumbres. Su fruto es una vaina que encierra las semillas.

Libar: sorber suavemente el néctar de las flores.

Metamorfosis: transformación de algo en otra cosa, cambio de estado.

Migración: cambio de hábitat.

Mimetismo batesiano: mecanismo de defensa frente a depredadores, cuando dos especies son muy similares en apariencia, pero solo una de ellas está equipada con mecanismos de defensa, como aguijón, espinas, toxinas, sabor u olor desagradables.

Mimetizar: adoptar la apariencia del entorno.

Muda: en los insectos, proceso en que el animal sale de su viejo exoesqueleto.

Néctar: líquido rico en azúcares, minerales y aceites esenciales, producido por las flores para atraer a los polinizadores.

Ninfa: forma juvenil sin alas de los insectos con metamorfosis incompleta.

Nodrizas: encargadas de cuidar a las crías.

Olfativo: sirve para oler.

Oruga: larva de las mariposas.

Ovario: parte de la flor que contiene los óvulos, está formado por una o más hojas modificadas.

Palpo: apéndice que se usa para palpar, tocar, reconocer por el sentido del tacto.

Parasitar: es una relación entre dos seres vivos, en la que el parásito depende y se beneficia del hospedador, quien recibe daño o es perjudicado.

Partenogénesis: reproducción mediante células sexuales femeninas no fecundadas.

Parto vivíparo: nacimiento de los animales del cuerpo de la madre, a través del canal de parto, cuando la gestación llega a término.

PLASTÓN: agrupación de huevos de insectos pertenecientes a la misma puesta.

POLEN: granos microscópicos que contienen las células reproductivas masculinas de las plantas con semilla.

POLINIZACIÓN: hacer llegar el grano de polen al estigma de la flor, fertilizándola.

PROBÓSCIDE: Aparato bucal en forma de trompa o pico.

PUESTA: huevos producidos de una sola vez y depositados en un nido.

PUPA: estado que atraviesan algunos insectos para convertirse en adultos.

SAVIA: líquido transportado por los tejidos conductivos de las plantas, compuesta principalmente por agua, azúcares y minerales.

SEGMENTOS ABDOMINALES: anillos que forman el abdomen de los insectos, también llamados urómeros.

SEXUADO: que tiene órganos sexuales.

SUCCIONAR: absorber líquidos.

TÓRAX: parte central del cuerpo de los insectos, entre la cabeza y el abdomen. En el tórax se insertan tres pares de patas y, en el caso de los insectos voladores, las alas.

ULTRASONIDOS: ondas sonoras que están por encima de la capacidad de audición del ser humano.

ZOOLOGÍA: rama de la biología que estudia los animales.

ÍNDICE POR ÓRDENES

ÍNDICE ALFABÉTICO POR ESPECIES

Chrysolina americana, escarabajo del romero: 98, 99
Coccinella septempunctata, mariquita, mariquita de siete puntos: 102, 103
Coniocleonus nigrosuturatus, gorgojo, gorgojo de los cardos: 42, 43
Cryptocephalus rugicollis, crisomela de cuello rugoso, crisomélido: 142, 143
Gonioctena variabilis: 144, 145
Heliotaurus ruficollis, heliotauro de cuello rojo, toro del sol: 32, 33
Hycleus scutellatus, escarabajo meloido, mascaflor punteado: 36, 37, 124, 125
Labidostomis lusitanica, clitra, escarabajillo, galeruca: 150, 151
Lachnaia tristigma, escarabajo de seis puntos: 140, 141
Mordella, escarabajo mordélido:128, 129
Mylabris hieracii, escarabajo meloido, mascaflor mesetario: 100, 101
Mylabris maculosopunctata, escarabajo meloido, mascaflor cejudo: 34, 35
Oedemera nobilis: 126, 127
Oedemera simplex: 126, 127
Psilothrix viridicoerulea, escarabajo verde de las flores: 38, 39
Staphylinidae: 74, 75

Hormigas

Formicidae: 44, 45, 76, 77, 130-133, 146, 147

Libélulas

Sympetrum fonscolombii, libélula de Fonscolombe: 80, 81

Mantis

Empusa pennata, mantis palo: 82, 83

Mariposas

Aricia cramera, morena: 84-87
Cacyreus marshalli, mariposa africana, mariposa del geranio: 176, 177
Iphiclides feisthamelii, chupaleche, podalirio: 114, 115, 162-165
Pieris rapae, blanquita de la col, mariposa de la col: 48, 49
Pterophoridae, mariposa pluma, polilla penacho: 118, 119
Satyrium esculi, mariposa de las encinas, querquera, rabicorta de la coscoja: 116, 117
Vanessa atalanta, atalanta, numerada, vanessa: 46, 47

BIBLIOGRAFÍA

CHINERY, M.: *Guía de los insectos de Europa*, Barcelona, Omega, 1988.

DÍAZ MARTÍNEZ, C. (coord.): *Insectos: la fauna oculta de La Mancha*, Toledo, Consejería de Desarrollo Sostenible, Junta de Comunidades de Castilla-La Mancha, 2024.

FERNÁNDEZ GAYUBO, S. y J. PUJADE-VILLAR: «Orden Hymenoptera», en *IDE@-SEA*, núm. 59, pp. 1-36, 2015.

FRISCH, Karl von: *Doce pequeños huéspedes,* Barcelona, RBA, 2011.

GARCÍA PARÍS et al.: *Nombres comunes de las cantáridas y aceiteras (Coleoptera: Meloidae) de España*, 58, SEA, 2016.

MCGAVIN, G. C.: *Insectos, arañas y otros artrópodos terrestres*, Barcelona, Omega, 2000.

PRIETO, M. et al.: *La colección ibero–balear de Meloidae Gyllenhal, 1810 (Coleoptera, Tenebrionoidea) del Museu de Ciències Naturals de Barcelona*, Arxius de Miscel·lània Zoològica, 2016.

RECALDE et al.: *Meloidae*, Cat. entomofauna de Aragón, 26, SEA, 2002.

REICHHOLF-RIEHM, H.: *Insectos y arácnidos*, Barcelona, Blume, 1986.

—: *Mariposas*, Barcelona, Blume, 1985.

RIBERA et al.: «Introducción y guía visual de los artrópodos», en *IDE@-SEA*, núm. 2, pp. 1-30, 2015.

ASOCIACIÓN MUNDO ARTRÓPODO: Revista *Mundo Artrópodo*, disponible en: https://www.mundoartropodo.com, consultado en 2023.

ASSOCIATION ARTHROPOLOGIA: *Entomoland*, disponible en: denbourge.free.fr/index.htm, consultado en 2023.

ASOCIACIÓN FOTOGRAFÍA Y BIODIVERSIDAD: *Biodiversidad virtual*, disponible en: https://www.biodiversidadvirtual.org, consultado en 2023.

BIOENCICLOPEDIA: *Bioenciclopedia. La enciclopedia de la vida,* disponible en: https://www.bioenciclopedia.com, consultado en 2023.

CASANOVA VALLADOLID, J. M.: *Mi blog de bichos*, disponible en: https://miblogdebichos.wordpress.com, consultado en 2023.

FERNÁNDEZ, J. A.: «Introducción a las hormigas ibéricas», en *Mundo Artrópodo*, núm. 8, Disponible en: https://www.mundoartropodo.com/revista/Revista_Mundo_Artropodo_n-08.pdf, consultado en 2023.

FOTOGRAFÍA Y BIODIVERSIDAD: *Biodiversidad Virtual*, disponible en: https://www.biodiversidadvirtual.org

GÓMEZ, J. E.: *Waste Magazine*, disponible en: https://wastemagazine. es, consultado en 2023.

JAUME-SCHINKEL & MORITZ, S.: «¿Qué son las típulas? Aclarando mitos», en *Mundo Artrópodo*, núm. 11, disponible en: https:// www.mundoartropodo.com/revista/Revista_Mundo_Artropodo_n-11. pdf, consultado en 2023.

ANTWIKI: *Lasius niger*, disponible en: https://www.antwiki.org/wiki/ Lasius_niger, consultado en 2023.

Lepisteron, disponible en: https://lepispteron.blogspot.com, consultado en 2023.

Abejas del Mediterráneo: Guía de campo, Bolonia, Life 4 Pollinators, disponible en: https://www.life4pollinators.eu/sites/default/files/ fieldguides-spanish/L4P-Fieldguide-Bees_SPA.pdf, consultado en 2023.

Avispas como polinizadoras en el Mediterráneo, Bolonia, Life 4 Pollinators, disponible en: https://www.life4pollinators.eu/sites/default/files/ fieldguides-spanish/L4P-Fieldguide-Wasps_SPA.pdf, consultado en 2023.

Fotografías de animales, Macronatura, disponible en: https://macronatura.es, consultado en 2023

OBSERVATORIO DE BIODIVERSIDAD AGRARIA: *Guía de campo de polinizadores,* Las Rozas, Fundación Global Nature, disponible en: https://oba.fundacionglobalnature.org/wp-content/uploads/2021/11/ Guia_A1-Polinizadores.pdf, consultado en 2023.

OLMO RÍSQUEZ, J. L.: «Observando la vida secreta de los áfidos», en *El blog del profesor Josebio*, disponible en: https://profesorjosebio. blogspot.com/search/label/pulgones, consultado en 2023.

PENSOFT: *ZooKeys*, disponible en: https://zookeys.pensoft.net, consultado en 2023.

PROGRAMA EUROPEO DE SEGUIMIENTO DE MARIPOSAS: *Guía de campo para la identificación de mariposas: Especies comunes de España,* Wageningen, eBMS, disponible en: https://butterfly-monitoring. net/sites/default/files/Pdf/Field%20Guides/EspeciesComunesEspaña-FG_eBMS_cc.pdf, consultado en 2023.

RODRIGO DAPENA, J.: «Mariposas y orugas», disponible en: https:// mariposasyorugas.blogspot.com/p/vocavulario.html, consultado en 2023.

The Wildlife Trusts, disponible en: https://www.wildlifetrusts.org, consultado en 2023.

VILLATORO, F. R.: «El origen de las castas en las hormigas del género Pheidole», en *Naukas*, disponible en: https://francis.naukas. com/2018/10/12/el-origen-de-las-castas-en-las-hormigas-del-genero-pheidole/, consultado en 2023.

WIKIPEDIA: *Wikipedia, la enciclopedia libre*, disponible en: https:// es.wikipedia.org, consultado en 2023.

AGRADECIMIENTOS

Mi agradecimiento a todas las personas que me han aconsejado y alentado desde la ciencia, la teoría, la técnica, el oficio y el conocimiento. Gracias por vuestro tiempo, valoré cada segundo, intenté aprender de cada palabra.

Especial gratitud hacia el profesor José Luis Olmo Rísquez, por las correcciones, el asesoramiento y por el entusiasmo sin límites hacia la divulgación del conocimiento. Muchas gracias a David Torres Guijarro, excelente fotógrafo, quien sugirió este proyecto: por tus valiosos consejos y tu puerta siempre abierta.

Muchas gracias, por su enorme generosidad y paciencia, a los socios de la Sociedad Entomológica y Ambiental de Castilla-La Mancha (SEACAM), que han contribuido a corregir el texto: Juan Manuel Casanova Valladolid, ácaros, chinches y dípteros; Cecilia Díaz Martínez, supervisión general; José Alberto Fernández Martínez, hormigas; Jesús García del Castillo Crespo, organización social de las hormigas, mantis y neurópteros; Mario García París, coleópteros, y José Rodrigo Dapena, mariposas.

Gracias a los amigos, que apoyan e impulsan, especialmente a Jesús Gracia, por los cafés con fotos.

Gracias a la familia, Raíz y Motor.

Y gracias, Aníbal, por la intensidad y por todos los días compartidos al sol.

Mi nombre es Isabel Nieto-Márquez Fernández-Camuñas, soy historiadora del Arte y educadora ambiental.

Cursé el Bachillerato de Artes en la Escuela de Artes «Pedro Almodóvar», de Ciudad Real. Allí asistí a clases de fotografía con el profesor Luis Morales, quien me contagió su pasión por este medio de expresión. Mi gran afición por la naturaleza ha hecho el resto.

Si desea contactar conmigo, estaré encantada de atenderle, puede encontrarme en:

isabelfotoverde@gmail.com
www.infotoverde.com

OTROS TÍTULOS DE ESTA COLECCIÓN